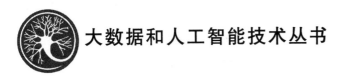

大数据和人工智能技术丛书

人脸亲属关系识别方法及应用

主　编　闫海滨

副主编　王仕伟

U0303993

北京邮电大学出版社
www.buptpress.com

内 容 简 介

本书主要介绍了人脸亲属关系识别研究的相关内容。本书是在国家自然科学基金和北京市自然科学基金等项目的资助下完成的，其价值和特色在于首次将人脸亲属关系识别研究的相关内容编著成书，系统地阐述了这一研究领域的热点问题和难点问题，并给出了相应的解决办法；总结了这一研究领域常用的数据以及最新的研究进展，所介绍的内容具有重要理论意义和实际应用价值。

本书共分为 7 章，主要包括绪论、基于表示学习的人脸亲属关系识别、基于度量学习的人脸亲属关系识别、基于深度学习的人脸亲属关系识别、基于强化学习的人脸亲属关系识别、基于视频数据的人脸亲属关系识别以及人脸亲属关系识别系统及应用。

图书在版编目（CIP）数据

人脸亲属关系识别方法及应用 / 闫海滨主编 . - - 北京 ：北京邮电大学出版社，2022.5
ISBN 978-7-5635-6638-9

Ⅰ . ①人⋯　Ⅱ . ①闫⋯　Ⅲ . ①亲属—人脸识别—研究　Ⅳ . ①TP391. 41

中国版本图书馆 CIP 数据核字（2022）第 072125 号

策划编辑：姚　顺　刘纳新　　责任编辑：刘　颖　　封面设计：七星博纳

出版发行：北京邮电大学出版社
社　　　址：北京市海淀区西土城路 10 号
邮政编码：100876
发 行 部：电话：010-62282185　传真：010-62283578
E-mail：publish@bupt.edu.cn
经　　销：各地新华书店
印　　刷：唐山玺诚印务有限公司
开　　本：787 mm×1 092 mm　1/16
印　　张：11.25
字　　数：219 千字
版　　次：2022 年 5 月第 1 版
印　　次：2022 年 5 月第 1 次印刷

ISBN 978-7-5635-6638-9　　　　　　　　　　　　　　　定　价：39.00 元

· 如有印装质量问题，请与北京邮电大学出版社发行部联系 ·

前　言

人脸亲属关系识别是计算机视觉领域的一个研究热点，可用于失踪人员搜索、社交媒体分析等。与传统的人脸识别相比，亲属关系识别面临更多更大的挑战，例如亲属之间年龄和性别差异较大、样本数据的采集条件变化较大，这些都会对亲属关系识别的性能产生较大的影响。本书是在国家自然科学基金（NSFC No. 61976023 和 No. 61603048）和北京市自然科学基金（BJNSF No. 4174101）等项目的资助下完成的，其价值和特色在于首次将人脸亲属关系识别研究的相关内容编著成书，系统地阐述了这一研究领域的热点问题、难点问题、相应的解决办法以及最新的研究进展，所介绍的内容具有重要理论意义和实际应用价值。

本书共分为 7 章。

第 1 章为绪论，介绍人脸亲属关系识别的定义、国内外研究现状及发展趋势、常用的人脸亲属关系识别数据集、现存的问题及分析。

第 2 章介绍基于表示学习的人脸亲属关系识别，主要包括基于原型的区分特征学习方法、判别紧致二值人脸描述符方法。

第 3 章介绍基于度量学习的人脸亲属关系识别，主要包括判别性多度量学习方法、领域排斥相关度量学习方法。

第 4 章介绍基于深度学习的人脸亲属关系识别，主要包括基于局部特征注意力方法、多尺度深层关系推理方法。

第 5 章介绍基于强化学习的人脸亲属关系识别，主要包括判别性采样方法介绍。

第 6 章介绍基于视频数据的人脸亲属关系识别，主要包括基于成对视频数据的人脸亲属关系识别方法、基于三元组视频数据的人脸亲属关系识别方法。

第 7 章介绍人脸亲属关系识别系统及应用。

本书由闫海滨负责编写，王仕伟参与编写；全书由闫海滨负责统稿。

本书是作者在近年来所做研究工作的基础上编写而成。成书之际，感谢宋朝辉、吕娅婷、田瑞东、孙国豪、范小宇、孙莹、李家琛、魏一文在材料准备阶段付出的努力，同时也向本书参考文献的所有作者，以及为本书出版付出辛勤劳动的编辑老师们表示感谢。

闫海滨于北京邮电大学

2021 年 11 月 15 日

目　　录

第1章

绪　论

1.1　人脸亲属关系识别概述

喜欢《最强大脑》这档综艺节目的朋友对小度肯定不会陌生，它被网友亲切地称为"百度那只笨重却有着一身网红梦的机器人"，图 1-1 就是大家熟知的机器人小度。小度共参加了《最强大脑》的四期节目，通过前三期的人机大战成功晋级到了最后一期，参与的项目为图像识别、跨代人脸识别和声纹识别。图像识别和声纹识别大家肯定不陌生，那么什么是跨代人脸识别呢？它和我们熟知的人脸识别有什么不同之处呢？在定义跨代人脸识别之前，先来看看《最强大脑》节目组的设置吧。跨代人脸识别项目要求嘉宾在 40 张父母合照中随机挑选一张，接下来从 40 位造型一致、身材接近的女生中，找到该父母的亲生女儿。目前在学术研究领域，人脸亲属关系识别，更准确地说，人脸血缘关系识别，解决的就是这一问题。

传统的人脸识别[1]通常指的是对同一个人的识别，根据提供的人脸图像或人脸视频判定所属人到底是谁。获取人脸图像时的环境发生了变化，被识别的人的年龄、表情等也发生了变化，但被识别的主体不变。跨代人脸识别是其中的一个研究方向，重点研究年龄对人脸识别性能的影响，旨在通过算法的设计减少年龄对人脸识别性能的影响。由于年龄会在人的脸上留下岁月的痕迹，当年龄跨度大，再加上获取人脸图像时表情、光照、姿态、环境等的影响，跨代人脸识别项目研究难度较大。

人脸血缘关系识别主要是依据人脸图像研究孩子与家长之间是否具有血缘关系，即他们之间是否具有父子、母子、父女或母女关系。被识别的主体至少需要两个，即至少需

图 1-1　机器人小度

要一对人脸图像来进行研究,其中一个来自孩子,另一个来自家长。由于孩子的基因分别来自父亲和母亲,加上基因遗传的显性、隐性表达及基因突变等原因,孩子的长相存在诸多的可能性。与传统的人脸识别相比,人脸血缘关系识别不仅受年龄、表情、光照、姿态、环境等因素的影响,还受不同个体间差异的影响,识别难度更大。

《最强大脑》设置的这个比赛项目,除需要考虑跨代对人脸识别的影响外,还需要考虑孩子与父母之间由于遗传产生的差异,这大大地提升了项目的难度。正是因为这个项目难度大,参与挑战的人类选手都失败了,但小度选对了。那么小度获胜的秘诀是什么呢?答案是"百度大脑"的人工智能技术。这里采用的跨代人脸识别技术首先将父母与孩子的人脸图像转换成灰度图,再分别提取父母和孩子面部的特征点,最后进行对比。在应用此技术前,还需要对使用的算法进行多次训练学习,平衡各种变量参数,以达到提高识别率的目的。除节目中展示的效果外,人脸血缘关系识别还有很多重要的应用,如寻找走失儿童、社会媒介分析和信息挖掘等。

两个个体之间是否具有血缘关系可以通过基因匹配来识别。1860 年,奥地利遗传学家孟德尔发现了可见性状的遗传规律。孟德尔观察和计算得到豌豆植物中每一个可见性状(如白色或紫色的花)在后代中出现的比例。根据这方面的证据,他提出了基因因素的代码为显性性状或隐性性状。遗传基因在体细胞内成对存在,其中一个成员来自父本,另一个成员来自母本,二者分别由精、卵细胞带入。在形成配子时,成对的遗传基因又彼此分离,并且各自进入一个配子中。这样,在每一个配子中,就只含有成对遗传基因中的一个成员,这个成员也许来自父本,也许来自母本。这就是遗传的机理。

根据遗传的机理,在两个具有血缘关系的个体之间,其基因序列往往具有很大的相似度,这种相似度在家庭成员之间,如父母与子女、兄弟姐妹之间尤为显著;而不存在血缘关系的两个人之间通常在基因序列相似度上表现较低。基于基因匹配的识别方法,最常用的就是我们经常听到的 DNA 检测,若检测出来的亲子关系概率达到 99.99% 以上,即可判定被检测者符合亲子关系。

　　遗传学领域的理论也为应用计算机视觉来解决亲属关系识别问题提供了理论支撑。通常来说,两个具有亲属血缘关系的人的基因相似度会具体外在地表现为人脸面部特征,如人脸区域的嘴巴、鼻子、眼睛及脸型等特征。在日常生活中,人们往往也会以人脸的面部相似度来判断两个人之间是否具有血缘关系。受此启发,计算机视觉领域的研究人员开始探索如何使用计算机视觉技术实现血缘关系的识别[2],这一识别过程主要包括两个环节:一是特征提取,主要研究如何从人脸图像对中提取出区别性强、鲁棒性强的特征;二是分类器设计,主要研究如何根据提取出的特征设计出有效的、性能强的分类器。具体实现流程如图 1-2 所示。

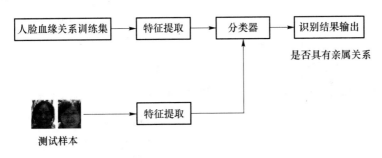

图 1-2　应用计算机视觉技术实现血缘关系流程图

　　相比利用基因匹配来确定血缘关系这一传统的方法,基于人脸的血缘关系识别技术具有其独特的优势,主要体现在以下几个方面。

　　① 操作简单,使用方便。依靠计算机视觉技术的人脸血缘关系识别技术只需被测者提供人脸图像即可,无须接触,不会对使用者造成心理上的障碍,易于被大多数用户接受。

　　② 对硬件无特殊要求,用户使用一般的计算机即可进行识别。如果需要在线识别,只需配备数码摄像头或数码相机等设备就可以进行相应的操作,这为人脸血缘关系识别技术的推广提供了有力的保障。

　　③ 识别速度快。由于人脸血缘关系识别技术在使用之前,已经完成了预先的训练,当输入被测者的人脸图像后,即可输出识别结果,无须等待。

　　④ 使用成本低。人脸血缘关系识别技术开发完成后,只需搭载到相应硬件上就可以开始正常工作,在使用过程中不需要其他的器件进行支持。

　　但由于基于人脸的血缘关系识别技术起步较晚,难度较大,在自然场景下的识别性能还达不到基因匹配的效果,不能直接用于寻找失踪人口这样的应用,可以配合基因匹配方法为其缩小匹配范围,从而达到节约时间、降低成本等目的。

相比于人脸血缘关系识别,人脸亲属关系识别研究的对象更多,范围更广。在学术研究中,人脸血缘关系识别主要用于识别父子、父女、母子、母女4种关系,人脸亲属关系识别除这4种关系外,还可以识别兄弟姐妹、祖父辈关系等。但由于兄弟姐妹、祖父辈关系的研究数据非常有限,目前人脸亲属关系识别主要还是针对父子、父女、母子、母女这4种关系进行的。本书提到的人脸亲属关系识别主要研究的就是这四种关系。

随着人工智能、大数据、机器人等新兴技术的飞速发展,经过本领域研究人员的不断努力,我们有理由相信人脸亲属关系识别技术在几年或十几年后,将在寻找失踪儿童、社会媒介分析和信息挖掘、跨代人脸识别等方面发挥重大的作用。

(1)寻找失踪儿童

每一个儿童走失或被拐卖,都是整个家庭的灾难。我国人口众多,很难做到逐一筛查。目前,主要使用DNA测试对两个人的血缘关系进行验证。虽然在全国范围内建立了打拐DNA数据库,但是,正如我们前面提到的,DNA测试存在一定的局限性:① DNA测试的隐私性很高,测试样本不易获取;② DNA检测的成本较高,不适于大规模测试。

依据人脸图像进行亲属关系验证识别可以弥补这些缺陷。人脸亲属关系识别技术所需的测试样本易于获取,操作简单,而且成本较低。我们可以首先依据人脸图像快速识别出一些具有高度相似性的候选对象,然后进行DNA测试以获取准确的搜索结果。如果将人脸亲属关系识别技术应用于警方的监控系统之中,可起到缩减人力和物力以及提高办案效率的作用。

(2)社会媒介分析与信息挖掘

网络已成为我们日常生活中不可或缺的一部分,每天上传到网络的图片更是有数以亿计张。利用人脸亲属识别技术可以挖掘出社交网络平台图片中人物之间的亲属关系,结合文本信息可以更好地自动地组织和管理社交网络中的图片。例如,Facebook网站中有数百亿张图片,并且每个月向该网站添加的图片超过250亿张。在计算机视觉和多媒体领域,如何自动组织这样的大规模数据仍然是一个具有挑战性的问题,有两个关键问题需要解决:① 这些人是谁;② 他们之间的关系是什么。

人脸识别可以用来解决第一个问题,而人脸亲属关系识别是解决第二个问题的关键技术。当人们之间的亲属关系确定后,可以根据识别结果从这些社交网络网站自动创建家谱。目前,当两张人脸图像来自不同照片时,现有的方法可以达到70%～75%的验证准确率,如果来自同一张照片可达到75%～80%的验证准确率。尽管其性能低于LFW

数据集上最新的验证精度(高于 90％的验证准确率),但它仍然为分析两个人的亲属关系提供了可能有效的手段,因为所达到的验证准确率高于随机猜测(50％),同时也可与人类观察者相媲美。

(3) 跨代人脸识别

跨代人脸识别主要研究如何减少年龄对人脸识别性能的影响,也就是说,给你同一个人不同年龄阶段的照片(即:拍摄照片的光线、环境不同,照片中人物的表情、姿态也不同),所研究算法的理想结果是仍能识别出这就是同一个人。在人脸亲属关系识别中,由于待识别的孩子和父母之间本身就存在较大跨度的年龄差,从这个角度来说,用于人脸亲属关系识别的算法是否可以直接用于解决跨代人脸识别问题,是值得我们思考和研究的一个问题。反之亦然。人脸亲属关系识别与人脸识别技术结合,共同推动两个研究方向的发展。

1.2　国内外研究现状及发展趋势

基于人脸的亲属关系识别不同于其他人脸图像分析技术,它通过对一对人脸图像进行分析识别,来判断他们是否具有血缘关系,即他们是否为父女、母女、父子、母子或兄弟姐妹。

Fang 等人[3]在 2010 年国际会议 ICIP 上首次提出利用计算机视觉系统来解决亲属关系识别的问题。他们建立了一个用于研究此问题的数据集,包括 150 对公众人物家庭的人脸图像,涵盖了父女、母女、父子、母子四种亲属关系。为了保证所采集数据具有一定的泛化性,降低性别、年龄、种族等因素的影响,该数据集采集的人脸图像包含了亚洲、欧洲、美洲等不同地方的人种,同时包含了各年龄层以及不同肤色的人。

在文中,他们首先提取了人脸图像的局部特征,如眼睛、嘴巴、鼻子等人脸的重要部位;他们还使用了肤色、灰度值、梯度直方图来表示全局特征,最终获得 22 个人脸特征。接下来他们分别采用 KNN 和 SVM 算法对亲属关系进行识别,分别获得了 70.67％ 和 68.60％ 的准确率,远高于随机猜测(50％)。实验结果说明了计算机视觉系统对研究基于人脸图像的亲属关系识别具有重大意义。这一工作也开创了计算机视觉领域里一个新的研究方向,即基于人脸的亲属关系识别。

由于这一新方向的研究价值和应用价值,国内外科研人员开始对这一新的方向进行研究和探索,并获得了众多成果。

Zhou 等人[4]在 2011 年参照传统人脸识别问题的设计思路,首先用 LE 方法对人脸图像进行特征提取,接着把训练集中所有特征归类得到一个人脸图像字典,并根据此字典将人脸图像特征进行编码,从而获得了具有一定长度的特征向量。然后通过构建一个空间特征,最终得到了人脸面部的特征,再使用传统的分类器对这些特征进行亲属关系判别。

Xia 等人[5]在文献中提出了利用扩展的迁移子空间学习方法来进行亲属关系识别,同时还提供了一个用于亲属关系识别的新数据集 UBKinFace。该数据集包括 200 组人脸图像,其中每组人脸图像包括 3 张图像,即除一张父亲或者母亲和一张子女的人脸图像外,还有一张父母年轻时候的人脸图像数据集。他们在该数据集上利用迁移学习的方法取得了 60% 的准确率。

Somanath 等人[6]提出了一种新的集成度量学习方法,该方法结合了特征学习、自适应原型和特征选择的优点,大大地降低了性别差异造成的算法性能下降,最终识别率达到 80%。

考虑到孩子可能会从多个亲属继承不同特征的情况,Fang 等人[7]在文献中提出了一种全新的人脸亲属关系识别方法,他们把人脸划分为几个不同的位置,并将此方法运用到孩子与多个亲属之间关系的识别问题上。

Lu 等人[8]在研究人脸亲属关系识别问题时,发现在亲属关系数据集中存在一些噪声数据。这些噪声数据主要表现为两张没有亲属关系的人脸图像之间的差异比较小,而一些具有亲属关系的人脸图像之间的差异较大。噪声数据的存在会对亲属关系的识别结果产生影响。为了减小影响,他们运用了近邻度量学习方法使得具有亲属关系的人脸图像在投影空间中的距离最小,而没有亲属关系的人脸图像在投影空间中的距离最大,根据此方法来提取更多更具有识别能力的特征。

Guo 等人[10]在文献中提出了通过人脸图像判别多个个体的亲属关系识别问题,他们将个体人脸图像用数据点表示,将个体间的亲属关系用线表示。假如表示两个个体的数据点之间有连线,说明这两个个体间具有亲属关系,进而形成一个全连通图。此算法可用于判定多人之间的亲属关系。

Zhang 等人[11]尝试使用深度学习方法对人脸亲属关系识别问题进行研究,提出了深度级联多任务框架,利用深度卷积网络(包括卷积层、采样层、全连接层)的 3 个阶段将人脸图像的鼻子、嘴巴、眼睛等部分分成 10 个关键人脸局部区域,对每个区域提取高层特征信息,最后经过 Softmax 层进行分类,取得了较好的实验结果。

通过对上述工作进行分析和总结,2010—2015 年间的亲属关系识别方法主要可分为

两类:① 基于特征的方法;② 基于模型的方法。通常,基于特征的方法旨在通过提取区
分性强的特征描述符以有效表示人脸图像。现有的特征表示方法包括肤色[3]、梯度直方
图[6]、Gabor 小波[12]、梯度方向金字塔[13]、局部二值模式[14]、尺度不变特征变换[8]、自相
似性[15]和动态特征与时空出现描述符[16]等。基于模型的方法通常应用一些统计学习技
术来学习有效的分类器,如子空间学习[5]、度量学习[8]、转移学习[5]、多核学习[13]和基于
图的学习融合[10]等。表 1-1 简要总结并比较了 2010—2015 年间用于人脸亲属关系识别
的常用方法,这些方法的性能由平均识别率进行评估。尽管由于数据集和实验设置的不
同,无法直接对表中不同方法的识别率进行比较,但我们仍然可以看到,在这几年的时间
里,亲属关系识别的研究已取得了重大进展。

从表 1-1 中我们还可以看到,不论是特征表示,还是分类器设计,人脸亲属关系识别
领域所采用的方法都是在当时比较经典和流行的。例如,在特征表示方面,局部二值模式

表 1-1　2010—2015 年间亲属关系识别方法的比较

方法	特征表示	分类器	数据集	识别率(%)	年份/年
Fang et al.[3]	Local features from different face parts	KNN	Cornell KinFace	70.7	2010
Zhou et al.[4]	Spacial pyramid local feature descriptor	SVM	400 pairs (N. A.)	67.8	2011
Xia et al.[5]	Contex feature with transfer learning	KNN	UB KinFace	68.5	2012
Guo and Wang[17]	DAISY descriptors from semantic parts	Bayes	200 pairs (N. A.)	75.0	2012
Zhou et al.[13]	Gabor gradient orientation pyramid	SVM	400 pairs (N. A.)	69.8	2012
Kohli et al.[15]	Self similarity of Weber face	SVM	IIITD KinFace	[64.2,74.1]	2012
Somanath and Kambhamettu[6]	Gabor, HOG and SIFT	SVM	VADANA KinFace	[67.0,80.2]	2012
Dibeklioglu et al.[16]	Dynamic features + spatio-temporal appearance features	SVM	UVA-NEMO, 228 spontaneous pairs	72.9	2013
			UVA-NEMO, 287 posed pairs	70.0	2013
Lu et al.[8]	Local feature with metric learning	SVM	KinFaceW-I	69.9	2014
			KinFaceW-II	76.5	2014
Guo et al.[10]	LBP feature	Logistic regressor +fusion	322 pairs (available upon request)	69.3	2014
Yan et al.[18]	Mid—level featurs by discriminative learning	SVM	KinFaceW-I	70.1	2015
			KinFaceW-II	77.0	
			Cornell KinFace	71.9	
			UB KinFace	67.3	

(LBP)最早是用来描述图像局部纹理特征的算子,具有旋转不变性和灰度不变性等优点,对光照有较强的鲁棒性,可用来改善光线对人脸图像的影响。Gabor 小波与人类视觉系统中简单细胞的视觉刺激响应非常相似,它在提取目标的局部空间和频率域信息方面具有良好的特性。Gabor 小波对于图像的边缘敏感,能够提供良好的方向选择和尺度选择特性,而且对于光照变化不敏感,能够提供对光照变化良好的适应性。基于 Gabor 特征良好的空间局部性和方向选择性,而且对光照、姿态具有一定的鲁棒性,使得在保留总体人脸信息的同时增强局部特性成为可能。尺度不变特征变换(SIFT)是一种检测局部特征的算法,其对旋转、尺度缩放、亮度变化保持不变性,对视角变化、仿射变换、噪声也保持一定程度的稳定性,适用于在海量特征数据库中进行快速、准确的匹配。这些经典的特征表示方法在人脸识别、人脸表情识别、人脸亲属关系识别中获得了成功的应用。

在分类器方面,表中所列的 K 近邻(KNN)算法、支持向量机(SVM)、贝叶斯(Bayes)分类、逻辑回归(Logistic Regression)等方法均为机器学习的经典算法,成为机器学习每个发展阶段的代表性算法,如图 1-3 所示。K 近邻(KNN)算法是一种用于分类和回归的非参数统计方法,核心思想是如果一个样本在特征空间中的 K 个最相邻的样本中的大多数属于某一个类别,则该样本也属于这个类别,并具有这个类别上样本的特性。K 近邻算法是所有的机器学习算法中最简单的方法之一。虽然该方法在 20 世纪 70 年代初就被用于统计估计和模式识别领域,但它仍然是数据挖掘等应用的主流算法。支持向量机(SVM)是一种基于统计学习理论的机器学习方法,其目标是找到一个超平面,使得它能够尽可能多地将两类数据点正确地分开,同时使分开的两类数据点距离分类面最远,也就是寻找一个分类面使它两侧的空白区域最大。SVM 在模式识别、回归函数估计、预测等大量应用中都取得了较好的效果。贝叶斯(Bayes)分类算法是统计学的一种分类方法,是利用概率统计知识进行分类的一类算法。在许多场合中,朴素贝叶斯分类算法可以与决策树和神经网络分类算法相媲美,该算法能运用到大型数据库中,而且方法简单,分类准确率高,速度快。逻辑回归(Logistic Regression)是一个非常经典的算法,常用于二分类,因其简单、可并行化、可解释性强深受工业界喜爱。逻辑回归的本质是假设数据

图 1-3　1930—2010 年间部分代表性监督学习算法

服从这个分布,然后使用极大似然估计做参数的估计。

2015 年后,上述经典的特征表示和分类识别算法仍被用于人脸亲属关系识别研究中,但一类新的机器学习算法逐渐出现在研究人员的视野中,这就是深度学习。深度学习由 Hinton 等人于 2006 年提出,起源于对神经网络的研究,但现在已经越出了这个框架,出现了多种深度学习框架,如卷积神经网络和深度置信网络等,目前被广泛地应用在计算机视觉、自然语言处理、语音识别、音频识别与生物信息学等领域。

2016 年,谷歌 AlphaGo Lee 对战世界围棋冠军职业九段棋手李世石,经过激烈的对局,AlphaGo Lee 赢得了这场举目的"人机大战"。2017 年 5 月,升级版的 AlphaGo Master 与人类世界实时排名第一的棋手柯洁对决,最终连胜三局。在短短 40 天的时间后,更新一代的 AlphaGo Zero 以 100∶0 的成绩打败前代 AlphaGo 版本。AlphaGo Zero 起步的时候完全不懂围棋,但是随着学习的深入,进步飞快,3 天超过打败李世石的 AlphaGO Lee,21 天超过打败柯洁的 AlphaGo Master,自学 40 天之后就超过了所有其他的 AlphaGo 版本。AlphaGo 所采用的核心算法即为深度学习。

深度学习的目的在于建立一个可以模拟人类大脑进行分析的神经网络,该网络可以模仿人脑的工作机制来对数据进行分析及解释,如图像、文本和声音等。深度学习通过学习一种深层非线性网络结构,仅仅需要一些简单的网络结构便可以实现复杂函数的逼近。对于没有标注样本的数据集,深度学习也表现出了很强的集中学习数据集本质特征的能力。深度学习能够将数据的特征更完善地展现出来,同时由于模型层次深(有的网络可达上千层)、表达能力强,在表示大规模数据的时候,具有很好的优势。深度学习方法也有监督学习与无监督学习之分,不同的学习框架下建立的学习模型大不相同。

深度学习的发展最早可以追溯到 20 世纪 40 年代,一路走来也是经历几次大起大落,如图 1-4 所示。从图中我们可以看出,虽然深度学习在发展过程中经历了几次低潮,但自从 2006 年,机器学习领域的泰斗 Geoffrey Hinton 在 *Science* 上发表论文提出两个关于深度学习的主要观点后,深度学习逐步进入蓬勃发展期,一系列网络结构被提出。观点一:多隐层的人工神经网络具有优异的特征学习能力,学习得到的特征对数据有更

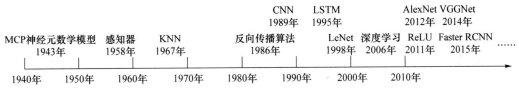

图 1-4 深度学习发展历程

本质的刻画,从而有利于可视化或分类。观点二:深度神经网络在训练上的难度,可以通过"逐层初始化"(Layer-wise Pre-training)来有效克服,逐层初始化可通过无监督学习实现。这两个观点不仅表明了深度学习在特征表示方面的优异性,也为如何解决深度学习训练难度大这一难题给出了有效的解决方法。

由于深度学习算法体现出的良好性能,近年来研究人员将深度学习的相关算法应用在了人脸亲属关系识别领域中。在 VGGNet、AlexNet、SiameseNet、ResNet 等一系列经典网络的基础上,研究人员提出了很多改进及创新工作,提升了人脸亲属关系的识别性能。随着科技水平的发展,计算机硬件产品的性能得到了飞速的提高,为深度学习广泛应用于各个领域提供了保障。

1.3　人脸亲属关系识别数据集

根据上述章节,使用计算机视觉技术实现亲属关系的识别其实就是应用机器学习的相关知识来解决这一问题。

机器学习方法是计算机利用已有的数据,得出某种模型,并利用此模型预测未来的一种方法。图 1-5 将机器学习的过程与人类对历史经验归纳的过程做了对比。为了使机器(模型)具有自己学习的能力,需要用历史数据对模型进行训练,相当于人类通过经验总结出规律;模型训练完成后,还需要输入新的数据对模型的学习能力进行测试。

图 1-5　机器学习与人类思考的类比

依据任务的不同,所使用的数据集通常可以划分为训练数据集和测试数据集两个部分。训练数据集是指训练过程中使用的数据,用于训练学习器(模型),使其具有相应的预测能力;测试数据集为被预测的样本,用来测试学习器(模型)对新样本的判别能力。对于某些需要调参的任务,还可以单独划分一个开发数据集,用于调整学习模型,比如调整参数、选择特征等。这部分数据也称为预留交叉验证数据集。通常来说,各类数据集的选定为完成机器学习任务的第一步,也是关键的一步。

在人脸亲属关系识别领域中,研究人员建立并发布了一系列数据集,用于这一领域的研究。本书介绍了其中一部分数据集,具体如下。

1. Cornell KinFace 数据集

Cornell KinFace 数据集[3,19]以在线搜索的方式共采集了 150 对公众人物和名人的正面人脸图像。此数据集包含了 4 种亲属关系,其中 40％为父子关系,22％为父女关系,13％为母子关系,25％为母女关系。

由于数据集的数据样本以在线搜索的方式进行采集,该数据集的数据样本可以认为是来自自然场景。每张人脸图像的表情、年龄、姿态、光照等均有较大差异,以此进行的人脸亲属关系识别算法可用于实际问题的研究。

2. UB KinFace 数据集

UB KinFace 数据集[20-23]主要来源于从互联网下载的明星、政治家等知名公众人物的照片,包含 600 张来自 200 个家庭的 400 个人的人脸图像。对于每个家庭,都有 3 张图像,分别对应于孩子、年轻父母和年老父母。UB KinFace 是第一个将父母图像按照年龄分为两类的数据集,这在一定程度上降低了年龄对亲属关系识别性能造成的影响。

该数据集也可以根据亚洲(Asian)和非亚洲(Non-Asian)分为两个部分,每个部分均包含 200 人、300 张图像。按照亲属关系分类,包含常见的 4 种亲属关系:父子、父女、母子和母女。

该数据集的人脸图像都来自自然场景,表情、光照、背景、种族等因素都存在一定的差异。

3. IIITD 数据集

IIITD 数据集[15]的数据样本均采集于非限制自然场景下,主要为来自互联网的名人照片,可分为 4 个不同的种族,具体为美国黑人、不含美国黑人的其他美国人、印度人、不含印度人的其他亚洲人。数据集共有 544 张人脸图像,含有 272 对具有亲属关系的人脸图像对。除此以外,数据集还提供了 272 对不具有亲属关系的人脸图像对。

IIITD 数据集包括 7 种亲属关系:兄弟、兄妹、父女、父子、母女、母子,以及姐妹关系。

4. Family 101 数据集

Family 101 数据集[7,24]是世界上第一个跨世代家庭的大型数据集。该数据集包括101 个不同的家庭,其中有 607 个个体,14 816 张人脸图像。为保证数据集在种族、性别、年龄等方面具有较好的泛化性,数据集中大约 72% 为白种人,23% 为亚洲人,5% 为非洲裔美国人。

该数据集包含了每个家庭中同一个父亲、母亲以及孩子的不同人脸图像。每张人脸图像的表情、姿态、光照均不相同。由于照片的拍摄时间不同,孩子与父母之间存在较大的年龄差,对于某些图像,孩子的年龄甚至高于其父母的年龄。而且由于有些照片年代久远,当时的拍摄条件并不完善,导致数据集中的一些人脸图像模糊、光照情况不同等,甚至有些图像里存在明显的遮挡物。这些都会对人脸亲属关系的识别性能产生影响。

5. KinFaceW-I 和 KinFaceW-II 数据集

KinFaceW-I 和 KinFaceW-II 数据集[8,9]中的人脸图像主要来自互联网,包括众多公众人物或知名人物的人脸图像。这两个数据集包括该人物本人的人脸图像,以及其父母或是孩子的人脸图像。两个数据集均包含父子、父女、母子以及母女 4 种亲属关系。在KinFaceW-I 数据集中,这 4 种亲属关系对应的样本图片对数分别为 156、134、116 和127。在 KinFaceW-II 数据集中,每种亲属关系均有 250 对样本图片。区别在于,KinFaceW-I 数据集中每对人脸图像来自不同的照片,而 KinFaceW-II 数据集中每对人脸图像来自同一张照片。

由于两个数据集的数据样本主要来自互联网,人脸照片的拍摄可以认为是在自然场景下完成的。每张人脸图像的表情、年龄、姿态、光照等均有较大差异,这在增加数据集泛化性的同时,也加大了人脸亲属关系识别的难度。

由于 KinFaceW-I 数据集中的每对人脸图像来自不同的照片,那么其年龄、光照以及拍摄环境等存在的差异相较于 KinFaceW-II 数据集的人脸图像样本对都会更大一些。相应地,在 KinFaceW-I 数据集上进行人脸亲属关系识别时,难度也会更大。

6. TSKinFace 数据集

TSKinFace 数据集[26]共有 2 589 张人脸图像。与研究两个体亲属关系的传统亲属数据库不同,该数据集是为研究三对象亲属关系创建的,其考虑了两种亲属关系,包括285 组的亲子(FM-S)和 274 组的亲女(FM-D)。

我们将数据重新组织为与其他数据集一样的 4 种双主体关系,分别获得 502 对父女(F-D)关系、513 对父子(F-S)关系、502 对母女(M-D)关系、513 对母子(M-S)关系。

该数据集中的人脸图像都来自自然场景,表情、光照、背景等都存在一定的差异。

7. FIW 数据集

FIW 数据集[27-29]是目前规模最大、最全面的亲属关系识别数据库,由来自 1 000 个家庭的 11 932 张自然场景下的家庭照片组成。每个家庭平均包括约 12 张照片,家庭人数在 3 和 38 之间。与其他数据集相比,FIW 数据集的亲属关系种类最多,包括父子、父女、母子、母女、兄弟、姐妹、姐弟(兄妹)、祖父孙子、祖父孙女、祖母孙子、祖母孙女等 11 种亲属关系,共 656 954 个图像对。

该数据集的数据样本同样可以认为是来自自然场景。每张人脸图像的表情、年龄、姿态、光照等均有较大差异。此数据集的建立旨在推动人脸亲属关系识别算法在实际中的应用。

8. LarG-KinFace 数据集

LarG-KinFace 数据集[25]的数据样本主要来自互联网,共 6 000 张图片,包括父子、父女、母子和母女 4 种类型的亲属关系。4 种亲属关系的图像对均为 750 对,每一张图片的分辨率为 64×64。

在此数据集中每张人脸图像的表情、姿态、年龄、光照、拍摄条件等各不相同。

9. KFVW 数据集

KFVW 数据集[31]主要来自网络上的电视节目。该数据集共包括 418 对人脸视频,分别为 107 对父子、101 对父女、100 对母子、110 对母女 4 种亲属关系的视频。每个视频有 100～500 帧,其中人脸图像的姿态、光照、背景、遮挡、表情、妆容、年龄等都有很大的变化。视频中每帧的平均大小为 900×500 像素。

KFVW 数据集的人脸图像样本存在的诸多变化,可以为人脸外观的表征提供更多的信息。

10. FFVW 数据集

FFVW 数据集[30]是一个基于视频的人脸亲属关系数据集。该数据集按家庭分组,共包括 100 组来自不同家庭的视频,其中每一组包含母亲、父亲和孩子 3 个独立的视频。

这些视频中有近 80％的数据样本是从网上的脱口秀节目中采集的，另外 20％的数据样本是在现实生活中拍摄的。

每组视频的标签分别设定为"父亲 1""母亲 1"和"儿童 1"，每个标签至少包含 4 个相应的人脸视频，视频长度为 5 秒到 60 秒不等。视频在自然条件下采集，包含了不同的人脸表情、姿态、光照等。

1.4　存在的问题及分析

虽然目前通过采用深度学习相关的算法使得人脸亲属关系识别的性能得到了显著的提升，但是从所得到的识别率可以看出，这样的结果仍不能很好地用于实际应用中。而且，现有的特征提取和识别算法仍存在诸多不足，存在很大的改进和创新的空间。

（1）地理因素

当今世界人口众多，人类的基因也各不相同，导致人脸图像因种族、区域等不同存在较大的差异。目前所发布的人脸亲属关系数据集无法涵盖所有种族和区域，在此基础上研究的识别算法通常会有鲁棒性差、泛化能力不足等问题，从而导致其验证结果不具有稳定性。如何建立一个包含多种族、大规模的人脸亲属关系数据集是研究人员面临的一大难题。

（2）样本因素

由于目前针对人脸亲属关系识别的相关研究主要都是依据人脸图像和人脸视频等数据样本进行的，如果因为数据样本其本身的采集质量较差而无法正确表征个体的人脸特征时，也会造成最终识别性能的下降。如何建立高质量人脸亲属关系数据集是本领域需要考虑的一个问题。

（3）环境因素

除了种族和区域的问题，人脸图像在采集过程中会受到光照、背景等一系列环境因素的影响。同时，被采集人的表情、姿态、头发、配饰，以及脸部的遮挡等情况也会对人脸亲属关系识别算法的性能造成影响。如何设计一种鲁棒性强、区分能力好的特征提取和识别算法是研究人员需要解决的一个难题。

（4）个体因素

人类基因虽然各有不同，但是总存在着基因序列的变异、选择性表达等情况，加之生活环境的影响，在现实生活中会出现两个毫无血缘关系的个体具有较高的人脸特征相似度的情况。这是人脸亲属关系识别的又一难点,虽然已有针对此问题的解决方案,但取得的结果仍不令人满意。如何实现困难样本的识别是研究人员需要关注的一个难题。

1.5　本书结构安排

本书共分为 7 章,主要包括基于表示学习的人脸亲属关系识别,基于度量学习的人脸亲属关系识别,基于深度学习的人脸亲属关系识别,基于强化学习的人脸亲属关系识别,基于视频数据的人脸亲属关系识别,以及人脸亲属关系识别系统及应用。

第 1 章介绍何为人脸亲属关系识别,国内外研究现状及发展趋势,常用的人脸亲属关系识别数据集,以及现存的问题及分析。

第 2 章介绍基于表示学习的人脸亲属关系识别,主要包括相关基础知识的介绍,基于原型判别表示学习的人脸亲属关系识别,以及基于判别二值表示学习的人脸亲属关系识别。

第 3 章介绍基于度量学习的人脸亲属关系识别,主要包括相关基础知识的介绍,基于判别多度量学习的人脸亲属关系识别,以及基于邻域排斥相关度量学习的人脸亲属关系识别。

第 4 章介绍基于深度学习的人脸亲属关系识别,主要包括相关基础知识的介绍,基于局部注意力网络的人脸亲属关系识别,以及基于多尺度深层关系推理方法的人脸亲属关系识别。

第 5 章介绍基于强化学习的人脸亲属关系识别,主要包括相关基础知识的介绍,以及基于判别性采样的人脸亲属关系识别。

第 6 章介绍基于视频数据的人脸亲属关系识别,主要包括基于成对视频数据的人脸亲属关系识别,以及基于三元组视频数据的人脸亲属关系识别。

第 7 章介绍人脸亲属关系识别系统及应用,主要包括人脸亲属关系识别系统的介绍,以及人脸亲属关系识别的典型应用。

第2章
基于表示学习的人脸亲属关系识别

2.1 概　　述

表示学习,也叫学习表示。顾名思义,就是研究如何将原始数据转换成为一种新的表示形式,这种新表示通常具有增强机器学习能力的特质。在机器学习领域,我们把这种新的表示形式称作"特征"。这种自动提取表示的方法避免了手动提取特征的麻烦,允许计算机学习使用特征的同时,也学习如何提取特征。

2.1.1 相关知识概述

表示学习主要研究提取特征的方法,需要和分类器配合使用才能将人脸亲属关系识别出来。最常用的两种分类方法分别为 K 近邻学习(KNN)和支持向量机(SVM),下面将对其进行简单的叙述。

1. K 近邻学习

K 近邻学习[32](K-Nearest Neighbor,KNN)是一种常用的监督学习方法,是所有的机器学习算法中最简单的方法之一。KNN 算法的核心思想如下:如果一个样本在特征空间中的 K 个最相邻的样本中的大多数属于某一个类别,则该样本也属于这个类别,并具有这个类别上样本的特性。

通常,在用 KNN 处理分类任务时,可以使用"投票方法",即将 K 个最相邻的样本中出现最多的类别标签作为分类的结果；在用 KNN 处理回归任务时，可以使用"平均方法"，即使用 K 个样本的实值输出标记的平均值作为预测的结果。

K 近邻分类器的示意图如图 2-1 所示。以分类任务为例，K 表示测试样本的最近邻样本数，当 K 值取值不同时，分类结果会有明显的不同。在图 2-1 中，实线和虚线的圆圈表示当 K 取不同值时样本所处的区域范围，方形和三角形表示两类不同的训练样本，圆形表示测试样本。当 $K = 3$ 时，训练样本为虚线圈内的样本，可以看出，三角形训练样本多于方形训练样本，因此测试样本被判定为三角形样本；当 $K = 7$ 时，训练样本为实线圈内的样本，这时，方形训练样本多于三角形训练样本，因此测试样本被判定为方形样本。可见，在 KNN 算法中，K 是一个非常重要的参数。

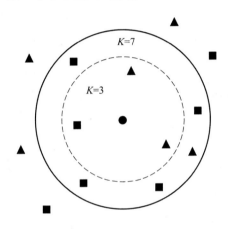

图 2-1　K 近邻分类器示意图

通过对相关理论及实验结果进行分析可以知道，当 K 值较小，执行分类任务时，KNN 会对每个类别创建许多小的分类区域，这就导致了此时的 KNN 算法对"噪声敏感"，形成的决策边界也以非平滑居多，还可能会导致过拟合。当 K 值较大，执行分类任务时，KNN 会对每个类别创建少数大范围的区域，可以降低噪声样本的影响，同时会产生较平滑的决策边界，但过于平滑的决策边界可能导致欠拟合，这也是我们在进行分类任务选择 K 值时需要注意的一个问题。

除此以外，计算样本之间相似度所采用的距离函数也是 KNN 算法的一个重要组成部分。采用不同的距离函数，找出的"近邻"可能会存在差异，也就是如图 2-1 所示的实线和虚线的圆圈的位置会发生变化，从而导致分类结果的不同。计算样本间距离的方法有很多，比如欧氏距离、曼哈顿距离、闵可夫距离等，这些方法都可用于实现两个样本间距离的计算。常用的度量距离方法将在下章进行介绍。

那么如何选择 K 值和距离度量方式呢？有一些基本原则可以给我们提供一些参考。

对于距离度量方式来说需要注意以下基本原则。

① 欧氏距离最为常用,如果对样本间的距离没有特殊的要求,可以选择欧氏距离。

② 具体问题需要具体分析。依据距离度量方法的定义形式,不同的样本需要根据自己的属性选择适合的距离度量方法。例如,对于字符串样本来说,汉明距离肯定比欧氏距离更合适。

③ 对于一个复杂的问题,不同维度可以使用不同的度量方式,这是度量学习中经常提到的多度量学习方法。

对于 K 值来说需要注意以下基本原则。

① 为了尽量避免两类分类出现同票的情况,最好选择奇数。

② 根据以往的经验,K 取 1 时,即 1-NN 在实践中经常表现不错。但是,虽然 $K=1$ 最常用,效果通常来说也比较好,但是它对"噪声"比较敏感,图 2-2 对其进行了说明。

③ 研究发现,当 $K<\mathrm{sqrt}(n)$,n 为样本个数时,往往会取得相对较好的效果。

④ 可以通过交叉验证等方法根据不同的样本和实验设置,对 K 进行一个动态的选择。

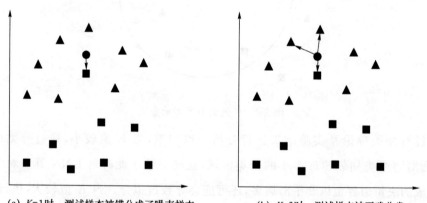

(a) $K=1$时,测试样本被错分成了噪声样本　　　(b) $K=3$时,测试样本被正确分类

图 2-2　K 取不同值时噪声样本的影响

综上所述,KNN 算法是通过计算新数据与历史样本数据中类别不同的数据点之间的距离来对新的数据进行分类。简单来说,就是通过距离数据点最近的 K 个数据点来对这个数据进行分类和预测。

算法具体描述如下:

① 准备数据,如果需要可以先对数据进行预处理;

② 将数据分为训练数据和测试数据;

③ 设定参数,选定 K 的取值,确定距离度量方式;

④ 计算测试数据与训练数据的距离,并按一定顺序进行排序;

⑤ 按照顺序选择前 K 个训练数据,并将应用"投票方法"或"平均方法"得到的结果作为测试数据的类别或预测值;

⑥ 测试数据集测试完毕后计算准确率;

⑦ 通过交叉验证等方法设定不同的 K 值重新进行训练和计算,最后选取最高准确率所对应的 K 值。

KNN 算法的优缺点如下。

优点:

① 简单直观,训练速度快,易于实现;

② 适合多分类问题,对于多分类问题的表现通常比支持向量机分类器的性能好;

③ 当训练数据无限多,并且 K 取值足够大时,KNN 方法会取得比较满意的效果。但通常来说在解决实际问题时,这两点都难以满足。

缺点:

① 当 K 值较小时,对噪声样本比较敏感;

② 由于需要计算测试样本与所有训练样本之间的距离,需要较高的数据存储和计算资源;

③ 由于需要按照一定的顺序对计算的距离进行排序,查询时间长;

④ 当数据样本的数量和维度过高时,容易造成维数灾难;

⑤ 当样本不平衡时,可能导致在输入新样本时,K 个邻居中的大容量类的样本占主导地位。

通过以上分析,我们知道 K 近邻学习之所以被认为是最简单的机器学习方法之一,主要是因为它不需要训练就可以得到结果,因此 K 近邻学习也被称为"实例学习"或"懒惰学习"。

2. 支持向量机

(1)支持向量机概述

支持向量机(SVM)[33]是一种基于统计学习理论的机器学习算法。1963 年,Vapnik 在解决模式识别问题时提出了支持向量方法。这种方法从训练集中选择一组特征子集,使得对特征子集的划分等价于对整个数据集的划分,这组特征子集就被称为支持向量(SV)。

基于结构风险最小化原理,支持向量机可以有效地解决局部极值和过度拟合等问题,较为适合小样本、非线性和高维空间模式识别的问题,也可用于回归分析中。

支持向量机,顾名思义,其实可以通过将其拆成两部分来理解,分别是"支持向量"和"机"。"支持向量"指的就是支持或支撑平面上把两类类别划分开来的超平面的向量点;而这里的"机"其实就是机器、(分类)机、(分类)器的意思,在机器学习领域具体指一个算法。

为了便于更好地理解支持向量机,在介绍具体算法之前,让我们先来解决一个问题。请问对于图 2-3 所示的两类数据,怎样可以把它们分开? 其中三角形代表一类数据,正方形代表一类数据。

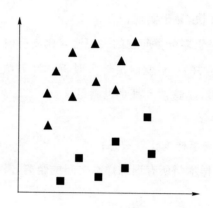

图 2-3 两类数据的分布

对于这个问题是不是非常简单? 我们可以找到无数个分界面将两类数据分开,结果如图 2-4 所示。

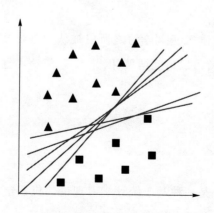

图 2-4 两类数据的分类结果

那么新的问题又产生了,在这么多的分界面中,到底哪一个分界面才是最优的呢? 支持向量机解决的就是这个问题。假如给定含有两类样本的数据集,如图 2-4 所示,三角形代表一类样本,正方形代表另一类样本,支持向量机的核心思想为找到一个最优分类超平面将两类样本正确地分开。

最优分类超平面也称为最大间隔超平面,指的是一个超平面,如果它能将训练样本正确地分开,并且两类训练样本中离超平面最近的样本与超平面之间的距离是最大的,则把这个超平面称为最优分类超平面。而把两类样本中离分类超平面最近的样本到分类面的距离称为分类间隔。

在样本空间中,分类超平面可以通过如下线性方程来描述:

$$\boldsymbol{w}^{\mathrm{T}}\boldsymbol{x} + b = 0 \tag{2-1}$$

其中:$\boldsymbol{w} = (w_1, w_2, \cdots, w_d)$ 为法向量,决定了超平面的方向;b 为位移项,决定了超平面与原点之间的距离。

从式(2-1)可以看出,分类超平面由法向量 $\boldsymbol{w}$ 和位移 b 确定,下面我们将其记为 $(\boldsymbol{w}, b)$。在样本空间中任意点 x 到分类超平面 $(\boldsymbol{w}, b)$ 的距离可写为 $r = \dfrac{|\boldsymbol{w}^{\mathrm{T}}\boldsymbol{x} + b|}{\|\boldsymbol{w}\|}$。假设分类超平面 $(\boldsymbol{w}, b)$ 能将训练样本正确分类,即对于 $(\boldsymbol{x}_i, y_i) \in D$,若 $y_i = +1$,则有 $\boldsymbol{w}^{\mathrm{T}}\boldsymbol{x} + b > 0$;若 $y_i = -1$,则有 $\boldsymbol{w}^{\mathrm{T}}\boldsymbol{x} + b < 0$,可用以下公式表示:

$$\begin{cases} \boldsymbol{w}^{\mathrm{T}}\boldsymbol{x}_i + b \geqslant +1, & y_i = +1 \\ \boldsymbol{w}^{\mathrm{T}}\boldsymbol{x}_i + b \leqslant -1, & y_i = -1 \end{cases} \tag{2-2}$$

如图 2-5 所示,距离分类超平面最近的几个训练样本点使得式(2-2)的等号成立,它们被称为"支持向量"。这类样本点具有两个特征:第一,它们是两类样本中距离分类超平面最近的点;第二,它们构成的超平面平行于分类超平面。两类支持向量到分类超平面的距离之和可用 $r = \dfrac{2}{\|\boldsymbol{w}\|}$ 表示,为我们前面提到的"间隔"。

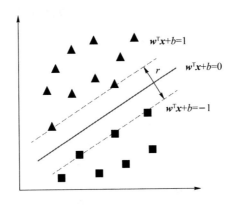

图 2-5　支持向量机原理图

支持向量机的目标为找到最优分类超平面,换句话说,也就是需要求解最大间隔。具体可以表述为,此算法要求找到一个超平面,使得它能够尽可能多地将两类数据点正确分开,同时保证分开的两类数据点距离分类超平面最远,也就是寻找一个分类超平面使它两侧的空白区域最大。

想要找到具有"最大间隔"的分类超平面,需要找到能满足式(2-2)中约束参数的法向量 w 和位移 b,使得 r 最大,即:

$$\max_{w,b} \frac{2}{\|w\|}$$
$$\text{s. t. } y_i(w^\mathrm{T} x_i + b) \geqslant 1, \quad i = 1,2,\cdots,m \tag{2-3}$$

同样地,最大化 $\|w\|^{-1}$ 也等价于最小化 $\|w\|^2$。所以,式(2-3)可以也可以表示为:

$$\min_{w,b} \frac{1}{2} \|w\|^2$$
$$\text{s. t. } y_i(w^\mathrm{T} x_i + b) \geqslant 1, \quad i = 1,2,\cdots,m \tag{2-4}$$

这就是支持向量机的基本型。从式(2-4)可以看出,这是一个约束二次规划问题,求解该问题,就可以得到分类器。

具体求解过程可以使用拉格朗日乘子法,可以得到一个关于该式的拉格朗日函数,即:

$$L(w,b,\boldsymbol{\alpha}) = \frac{1}{2} \|w\|^2 + \sum_{i=1}^m \alpha_i(1 - y_i(w^\mathrm{T} x_i + b)) \tag{2-5}$$

其中, $\boldsymbol{\alpha} = (\alpha_1,\alpha_2,\cdots,\alpha_m)$。令 $L(w,b,\boldsymbol{\alpha})$ 对 w 和 b 的偏导为零可得:

$$w = \sum_{i=1}^m \alpha_i y_i x_i \tag{2-6}$$

$$0 = \sum_{i=1}^m \alpha_i y_i \tag{2-7}$$

将式(2-6)带入式(2-5)中,就可以把 $L(w,b,\boldsymbol{\alpha})$ 中的 w 和 b 消去,再考虑式(2-7)的约束条件,就能得到式(2-4)的对偶问题,如下式所示:

$$\max_{\boldsymbol{\alpha}} \sum_{i=1}^m \alpha_i - \frac{1}{2} \sum_{i=1}^m \sum_{j=1}^m \alpha_i \alpha_j y_i y_j x_i^\mathrm{T} x_j$$
$$\text{s. t. } \sum_{i=1}^m \alpha_i y_i = 0$$
$$\alpha_i \geqslant 0, \quad i = 1,2,\cdots,m \tag{2-8}$$

求解出 $\boldsymbol{\alpha}$ 后,即可算出 w 和 b,进一步可以得到模型:

$$f(x) = w^\mathrm{T} \boldsymbol{\varphi}(x) + b$$
$$= \sum_{i=1}^m \alpha_i y_i x_i^\mathrm{T} x + b \tag{2-9}$$

从对偶问题式(2-8)求解出来的α_i是式(2-5)中的拉格朗日乘子,它与每一训练样本(x_i, y_i)相对应。最优分类超平面仅仅依赖于α_i不为零的训练点,而与那些对应于α_i为零的训练点无关。所以称对应于α_i不为零的这些训练点的输入x_i为支持向量。

(2)软间隔

刚刚我们叙述了支持向量机的目标、原理及求解过程,但上述算法只能处理数据分布比较规则的情况,即每一类数据样本都好好地待在自己的位置。如果遇到图 2-6 所示的情况,支持向量机还能正常工作吗?

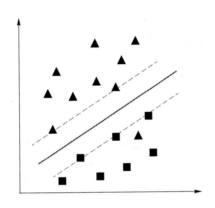

图 2-6　两类数据的分布

从图 2-6 中我们可以看到,与原来样本的分布相比,一个属于三角形数据的样本跑到了正方形数据的领地,那么依据上述支持向量机的建模和求解过程,是没有办法找到两类样本之间的最大间隔的。而实际中各类数据样本的分布比这种情况还要复杂得多,通常都存在线性不可分的现象。那么应该如何处理这类数据分布的情况呢?

让我们试想一下,如果可以将偏离了自己原本分布空间的样本忽略掉,那么两类样本的最大间隔还是可以采取前面介绍的算法来求解。基于此种考量,支持向量机理论体系又提出了"软间隔"的概念。相对于"软间隔",前面要求所有样本都必须划分正确的方法被称为"硬间隔"。

"软间隔"允许支持向量机在一些样本上分类出错,这可以通过增加松弛变量(Slack Variables)ξ_i 来实现。如果数据样本线性不可分,增加松弛变量 $\xi_i \geqslant 0$,函数间隔加上松弛变量大于或等于 1。这样,约束条件将变成:

$$y_i(wx_i + b) \geqslant 1 - \xi_i, \quad i = 1, 2, \cdots, m \tag{2-10}$$

相应地,目标函数则变为:

$$\min_{w, b, \xi} \frac{1}{2} \| w \|^2 + C \sum_{i=1}^{m} \xi_i$$

$$\text{s. t. } y_i(\boldsymbol{w}\boldsymbol{x}_i + b) \geqslant 1 - \xi_i, \quad i = 1, 2, \cdots, m.$$

$$\xi_i \geqslant 0, \quad i = 1, \quad 2, \cdots, m \tag{2-11}$$

这是一个二次规划问题，接下来的求解过程和"硬间隔"一样，这里我们就不再赘述了。

（3）非线性可分

我们之前假设的训练样本基本都是线性可分的，即使因为个别样本的存在导致数据线性不可分，但经过"软间隔"操作也可以按照数据线性可分来完成。也就是说，对于上面描述的两种数据分布情况，总是可以找到一个最优分类超平面对训练样本进行分类。那么接下来再看看图 2-7 所展示的数据分布情况，看看对于这种数据分布，可以直接通过"硬间隔"或"软间隔"来完成吗？

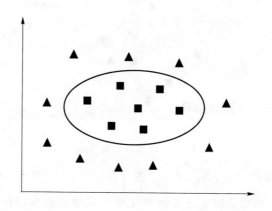

图 2-7　两类数据的分布

从图 2-7 中可以看出，两类数据样本是非线性可分的，"硬间隔"和"软间隔"都无法找到一个线性超平面对它们进行正确地划分。为了解决这类问题，可以通过将原始样本数据映射到更高维的特征空间，使其可以线性可分，这样就能找到适合的分类超平面对非线性数据进行划分。具体过程如图 2-8 所示。对于线性不可分的两类原始数据，通过引入一个映射函数 $\boldsymbol{\phi}(\cdot)$，使得原来数据的特征空间维数由二维变成了三维，而映射后的新的特征向量变得线性可分。这样就可以用上面介绍的内容对其进行求解了。

根据以上分析，我们知道对于非线性问题，核心思想为通过非线性变换将原始数据转化为某个高维空间中的线性问题，在这个高维空间中寻找最优分类面。如何选择低维空间到较高维空间的非线性映射，是需要解决的一个关键问题。

令 $\boldsymbol{\phi}(x)$ 表示输入数据 x 映射后的特征向量，在特征空间中分类超平面所对应的模型可用下式表示：

$$f(x) = \boldsymbol{w}^{\mathrm{T}}\boldsymbol{\phi}(x) + b \tag{2-12}$$

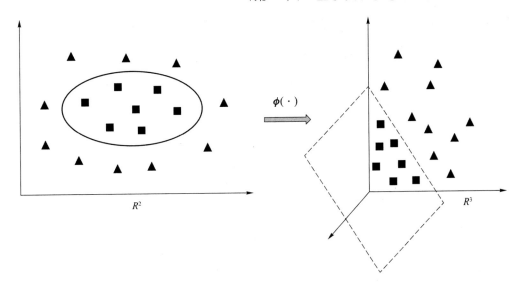

图 2-8　数据特征变换过程

其中,w 和 b 为模型参数,可以得到:

$$\min_{w,b} \frac{1}{2} \parallel w \parallel^2$$

$$\text{s. t. } y_i(w^\mathrm{T} \boldsymbol{\phi}(\boldsymbol{x}_i) + b) \geqslant 1, \quad i = 1, 2, \cdots, m \tag{2-13}$$

由于 $w = \sum_{i=1}^{m} \alpha_i y_i \boldsymbol{x}_i$,因此对于给定的检验元组,在计算与每个支持向量的点积时会出现 $\boldsymbol{\phi}(\boldsymbol{x}_i)^\mathrm{T} \boldsymbol{\phi}(\boldsymbol{x}_j)$。这将导致映射到新特征空间的维数很高,增加了存储和计算复杂度。为了更好地处理这个问题,支持向量机理论引入了"核函数"的概念,可表示为:

$$\kappa(\boldsymbol{x}_i, \boldsymbol{x}_j) = \langle \boldsymbol{\phi}(\boldsymbol{x}_i), \boldsymbol{\phi}(\boldsymbol{x}_j) \rangle = \boldsymbol{\phi}(\boldsymbol{x}_i)^\mathrm{T} \boldsymbol{\phi}(\boldsymbol{x}_j) \tag{2-14}$$

选定适合的核函数后,避免了直接计算高维甚至无穷维特征空间中内积的问题,不仅可以保证不会增加计算复杂度,而且还不需要考虑非线性变换 $\boldsymbol{\phi}(\cdot)$ 的形式。式(2-12)可以转化为:

$$f(x) = \sum_{i=1}^{m} \alpha_i y_i \kappa(\boldsymbol{x}_i, \boldsymbol{x}_j) + b \tag{2-15}$$

相应地,目标函数则变为:

$$\min_{\alpha} \frac{1}{2} \sum_{i=1}^{m} \sum_{j=1}^{m} y_i y_j \alpha_i \alpha_j k(\boldsymbol{x}_i, \boldsymbol{x}_j) - \sum_{j=1}^{m} \alpha_j$$

$$\text{s. t. } \sum_{i=1}^{m} y_i \alpha_i = 0$$

$$0 \leqslant \alpha_i \leqslant C, \quad i = 1, 2, \cdots, m \tag{2-16}$$

根据上面的分析我们知道,对于非线性问题,要设计一个分类性能良好的支持向量机,关键在于要选取一个合适的核函数。核函数的设置包括核函数类型以及相关参数的设置,目前研究最多的核函数主要有以下几种。

① 线性核函数:

$$k(\boldsymbol{x} \cdot \boldsymbol{x}_j) = \langle \boldsymbol{x}, \boldsymbol{x}_i \rangle \tag{2-17}$$

② 多项式核函数:

$$k(\boldsymbol{x} \cdot \boldsymbol{x}_j) = [(\boldsymbol{x} \cdot \boldsymbol{x}_j) + c]^q \tag{2-18}$$

其中,q 表示 q 阶多项式分类器,q 通常取 1 到 10。

③ 高斯径向基核函数(RBF):

$$k(\boldsymbol{x} \cdot \boldsymbol{x}_j) = \exp \left\{ -\frac{|\boldsymbol{x} - \boldsymbol{x}_i|^2}{\sigma^2} \right\} \tag{2-19}$$

其中,α 通常取 0.001~0.006。每个基函数中心对应一个支持向量,它们的输出权值由算法自动确定。

④ S 型核函数(Sigmoid):

$$k(\boldsymbol{x} \cdot \boldsymbol{x}_j) = \tanh(\vartheta(\boldsymbol{x}, \boldsymbol{x}_i) + c) \tag{2-20}$$

当使用 Sigmoid 函数时,支持向量机实现的是一个包含一个隐层的多层感知器,隐层节点数由算法自动确定。

不同的核函数有着自己的优缺点,如何选取适合的核函数需要依据具体的应用来进行判定。通过本章的介绍,我们知道对于分类问题,支持向量机解决的是二分类问题。对于多分类问题,可以通过将多类任务拆解为若干个二分类任务进行求解,分别训练二分类任务分类器,最后集成预测结果。最经典的拆分策略包括一对一,一对其余,以及多对多。

为了便于支持向量机的推广和使用,许多研究机构开发了用于模式识别和回归分析的 SVM 软件包。这类软件包不仅支持多操作系统,还提供了许多默认参数。

2.1.2 相关工作概述

根据人脸图像特征的类型,可将研究方向分为提取低层特征、中层特征、高层特征三类方法。

2010 年,Fang[3] 等人应用计算机视觉与机器学习技术实现了人脸亲属关系识别,在此领域奠定了基础。他们在自己建立的数据集上,首先提取了一系列可能对亲属关系有较好区别能力的特征,例如鼻子到嘴的距离或头发的颜色等,接着使用一个人脸图像模板识别图像中的面部特征,然后计算这些重要的特征并将它们组合成一个特征向量。最后利用提取的低层特征向量,计算出对应的父类和子类特征向量之间的差异,并利用 K 近邻和支持向量机方法进行人脸亲属关系识别,最终得到 70.76% 的准确率。

Somanath[6] 等人提出一种新的集成度量学习方法,该方法结合了特征学习、自适应原型和特征选择的优点,大大地降低了性别差异对算法性能的影响,最终识别率达到 80%。

Lu 等人[8] 提出了一种新的用于亲属关系验证的邻域排斥度量学习方法,对噪音信息进行剔除获得了中层特征信息。该方法可以将不具有血缘关系的人脸图像拉远,而具有血缘关系的人脸图像则被拉近。

Vieira[34] 提取几何纹理特征,分别采用识别双方兄弟姐妹的方法以及识别亲子的方法实现了高达 88% 和 82% 的正确率。

Zhang[11] 等人尝试使用深度学习方法进行人脸亲属关系识别的研究,提出了深度级联多任务框架,利用深度卷积网络(卷积层、采样层、全连接层)的 3 个阶段将人脸图像的鼻子、嘴巴、眼睛等面部结构分成 10 个关键区域,对每个区域提取高层特征信息,最后经过 Softmax 层进行分类,取得了较好的实验结果。

通常,为提升算法的识别性能,特征学习方法会利用一些先验知识,如平滑度、稀疏度以及时间和空间连贯性[35] 等。代表性的特征学习方法包括稀疏自动编码器[36]、受限玻尔兹曼机[37]、独立子空间分析[38] 和卷积神经网络[39] 等。这些方法已成功应用于许多计算机视觉任务,如图像分类[39]、人体动作识别[40]、人脸识别[41] 和视觉跟踪[42] 等。

与直接从原始像素学习特征的方法不同,我们提出使用低层描述符学习中层判别特征,同时在学习到的特征上制订优化目标函数。我们的方法是对现有特征学习方法的补充,名为基于原型的区分特征学习(PDFL)方法。在特征层面上,我们还提出了一种方法,名为判别型紧凑二元人脸描述符(D-CFBD),它是一种弱监督特征学习方法。这两种方法均用于研究人脸亲属关系识别,实验结果验证了所提出算法的有效性。

2.2　基于原型的区分特征学习方法

与大多数采用低级别的人工特征描述符(如局部二进制模式(LBP)[43] 和 Gabor 特征[44])进行人脸表示的方法不同,我们学习了区分性更强的中层特征用于更好地表征人脸图像之间的关系,以进行亲属关系识别,即基于原型的区分特征学习(PDFL)方法[18]。

首先,使用自然场景下的人脸数据集 LFW[45] 中具有亲属关系标记的人脸样本构造了一组未标记亲属关系的人脸样本作为参考集。然后,将训练集中具有亲属关系标记的每个样本表示为中间特征向量。接下来,通过最小化类内样本(具有亲属关系的样本)并最大化具有中间层特征的类间相邻样本(不具有亲属关系的样本)来制订目标函数。

为了更好地利用多个低层特征进行中层特征学习,我们进一步提出了一种多视图 PDFL(MPDFL)方法来学习多个中层特征,以提高识别性能。通过在 4 个公开可用的人脸亲属关系数据集上进行实验验证,结果表明了我们所提出的方法的有效性。

除此以外,我们还比较了本节所提出方法与人类观察者在亲属关系识别任务中表现的能力。实验结果表明,我们的方法在亲属关系识别任务中比人类观察者获得了更好的性能。图 2-9 为我们提出方法的流程图。

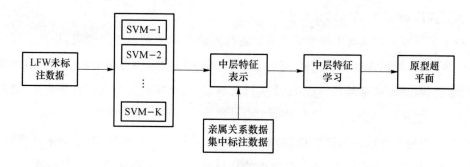

图 2-9　方法流程图

首先,我们从 LFW 数据集中构造一组人脸样本作为原型,用来表示亲属关系数据集中的每张人脸图像,即超平面空间中原型样本的组合。然后,使用标记的亲属关系信息学习超平面空间中的中层特征,提取更多语义信息以进行特征表示。最后,学习到的超平面参数作为区分亲属关系的区分性中级特征,用于表示训练集和测试集中的人脸图像。

低级特征描述符(如 LBP 和 SIFT)通常是不确定的,不足以对亲属关系进行很好地区分,特别是针对自然环境中检测到的人脸图像。这是因为,在这种情况下检测的人脸图像通常存在着很大的差异。为了从低级特征中提取更多的语义信息,可以使用大型无监督数据集和小型有监督数据集来共同学习中级特征表示,用于解决难以通过获得大量具有亲属关系标签的人脸图像进行区分性特征学习的问题。

大多数基于原型的特征学习方法通常使用带有强标签的训练集来学习模型,与之不同的是,我们的方法适用于大型无监督的通用集和小型带标签的训练集,大型无监督的通用集无需带标记的数据,易于获取和采集。下面详细介绍本节提出的方法。

2.2.1 PDFL 方法设计

令 $\boldsymbol{Z} = [z_1, z_2, \cdots, z_n] \in \boldsymbol{R}^{d \times N}$ 为未标记的参考图像集,其中 N 和 d 分别代表样本数和每个样本的特征维数。假设 $S = (\boldsymbol{x}_1, \boldsymbol{y}_1), \cdots, (\boldsymbol{x}_i, \boldsymbol{y}_i), \cdots, (\boldsymbol{x}_M, \boldsymbol{y}_M)$ 是训练集合,包含 M 对具有亲属关系的人脸图像,即正样本对,其中 $\boldsymbol{x}_i$ 和 $\boldsymbol{y}_i$ 是第 i 个正样本对,$\boldsymbol{x}_i \in \boldsymbol{R}^d$,$\boldsymbol{y}_i \in \boldsymbol{R}^d$。与大多数从原始像素学习特征表示的方法不同,我们旨在通过一组原型超平面学习一组中层特征。对于 S 中的每个训练样本,通过应用线性支持向量机学习其权重向量 $\boldsymbol{w}$ 进行表示,具体如下式所示:

$$\boldsymbol{w} = \sum_{n=1}^{N} \alpha_n l_n z_j = \sum_{n=1}^{N} \beta_n z_j = \boldsymbol{Z}\boldsymbol{\beta} \tag{2-21}$$

其中,l_n 是未标记数据 z_n 的标记,$\beta_n = \alpha_n l_n$ 是组合系数,α_n 是对偶变量,$\boldsymbol{\beta} = [\beta_1, \beta_2, \cdots, \beta_N] \in \boldsymbol{R}^{N \times 1}$ 是系数向量。

具体而言,如果 β_n 不为零,则意味着将未标记参考集中的样本 z_k 选择为支持向量机模型的支持向量;如果 β_n 为正,则 $l_n = 1$,否则,$l_n = -1$。基于支持向量机的最大间隔原理,我们仅需选择稀疏的支持向量集即可学习最优分类超平面。因此,$\boldsymbol{\beta}$ 应该是一个稀疏向量,其中 $\beta_1 \leqslant \gamma$,γ 为控制 $\boldsymbol{\beta}$ 稀疏性的参数。

学习最优分类超平面后,每个训练样本 $\boldsymbol{x}_i$ 和 $\boldsymbol{y}_i$ 可以表示为:

$$f(\boldsymbol{x}_i) = \boldsymbol{w}^{\mathrm{T}} \boldsymbol{x}_i = \boldsymbol{x}_i^{\mathrm{T}} \boldsymbol{w} = \boldsymbol{x}_i^{\mathrm{T}} \boldsymbol{Z}\boldsymbol{\beta} \tag{2-22}$$

$$f(\boldsymbol{y}_i) = \boldsymbol{w}^{\mathrm{T}} \boldsymbol{y}_i = \boldsymbol{y}_i^{\mathrm{T}} \boldsymbol{w} = \boldsymbol{y}_i^{\mathrm{T}} \boldsymbol{Z}\boldsymbol{\beta} \tag{2-23}$$

假设已经学习了 K 个线性支持向量机最优分类超平面,那么 $\boldsymbol{x}_i$ 和 $\boldsymbol{y}_i$ 的中层特征表示如下所示:

$$f(\boldsymbol{x}_i) = [\boldsymbol{x}_i^{\mathrm{T}} \boldsymbol{Z}\boldsymbol{\beta}_1, \boldsymbol{x}_i^{\mathrm{T}} \boldsymbol{Z}\boldsymbol{\beta}_2, \cdots, \boldsymbol{x}_i^{\mathrm{T}} \boldsymbol{Z}\boldsymbol{\beta}_K] = \boldsymbol{B}^{\mathrm{T}} \boldsymbol{Z}^{\mathrm{T}} \boldsymbol{x}_i \tag{2-24}$$

$$f(\boldsymbol{y}_i) = [\boldsymbol{y}_i^{\mathrm{T}} \boldsymbol{Z}\boldsymbol{\beta}_1, \boldsymbol{y}_i^{\mathrm{T}} \boldsymbol{Z}\boldsymbol{\beta}_2, \cdots, \boldsymbol{y}_i^{\mathrm{T}} \boldsymbol{Z}\boldsymbol{\beta}_K] = \boldsymbol{B}^{\mathrm{T}} \boldsymbol{Z}^{\mathrm{T}} \boldsymbol{y}_i \tag{2-25}$$

其中,$\boldsymbol{B} = [\boldsymbol{\beta}_1, \boldsymbol{\beta}_2, \cdots, \boldsymbol{\beta}_K]$ 是系数矩阵。

接下来,提出以下优化准则来学习具有稀疏约束的系数矩阵 $\boldsymbol{B}$:

$$\max H(\boldsymbol{B}) = H_1(\boldsymbol{B}) + H_2(\boldsymbol{B}) - H_3(\boldsymbol{B})$$

$$= \frac{1}{Mk} \sum_{i=1}^{M} \sum_{t_2=1}^{k} \| f(\boldsymbol{x}_i) - f(\boldsymbol{y}_{it_1}) \|_2^2$$

$$+ \frac{1}{Mk} \sum_{i=1}^{M} \sum_{t_2=1}^{k} \| f(\boldsymbol{x}_{it_2}) - f(\boldsymbol{y}_i) \|_2^2$$

$$-\frac{1}{M}\sum_{i=1}^{M}\|f(\boldsymbol{x}_i)-f(\boldsymbol{y}_i)\|_2^2$$

$$\text{s.t.}\ \|\boldsymbol{\beta}_k\|_1\leqslant\gamma,\quad k=1,2,\cdots,K \tag{2-26}$$

其中，$\boldsymbol{y}_{it_1}$ 表示 $\boldsymbol{y}_i$ 的第 t_1 个 K 近邻，$\boldsymbol{x}_{it_2}$ 表示 $\boldsymbol{x}_i$ 的第 t_2 个 K 近邻。

式(2-26)中 H_1 和 H_2 的目标是，如果 $\boldsymbol{y}_{it_1}$ 和 $\boldsymbol{x}_i$ 以及 $\boldsymbol{x}_{it_2}$ 和 $\boldsymbol{y}_i$ 原本在底层空间中彼此靠近，那么在中层特征空间中应使它们之间的距离尽可能地远。H_3 的含义是期望 $\boldsymbol{x}_i$ 和 $\boldsymbol{y}_i$ 在中层特征空间中彼此接近。

我们对 $\boldsymbol{\beta}_k$ 实施稀疏性约束，以便可以通过选择来自未标记参考数据集中的稀疏支持向量集来学习超平面，这受到文献[46]的启发，假设每个样本都可以稀疏地重构参考集。我们使用相同的参数 γ 来减少所提出模型中的参数数量，从而降低了所提出方法的复杂性。

结合式(2-24)~式(2-26)，将 $H_1(\boldsymbol{B})$ 简化为以下形式：

$$\begin{aligned}
H_1(\boldsymbol{B})&=\frac{1}{Mk}\sum_{i=1}^{M}\sum_{t_1=1}^{k}\|\boldsymbol{B}^{\mathrm{T}}\boldsymbol{Z}^{\mathrm{T}}\boldsymbol{x}_i-\boldsymbol{B}^{\mathrm{T}}\boldsymbol{Z}^{\mathrm{T}}\boldsymbol{y}_{it_1}\|_2^2\\
&=\frac{1}{Mk}\mathrm{tr}(\sum_{i=1}^{M}\sum_{t_1=1}^{k}\boldsymbol{B}^{\mathrm{T}}\boldsymbol{Z}^{\mathrm{T}}(\boldsymbol{x}_i-\boldsymbol{y}_{it_1})(\boldsymbol{x}_i-\boldsymbol{y}_{it_1})^{\mathrm{T}}\boldsymbol{ZB})\\
&=\mathrm{tr}(\boldsymbol{B}^{\mathrm{T}}\boldsymbol{F}_1\boldsymbol{B})
\end{aligned} \tag{2-27}$$

其中，

$$F_1=\frac{1}{Mk}\sum_{i=1}^{M}\sum_{t_1=1}^{k}\boldsymbol{Z}^{\mathrm{T}}(\boldsymbol{x}_i-\boldsymbol{y}_{it_1})(\boldsymbol{x}_i-\boldsymbol{y}_{it_1})^{\mathrm{T}}\boldsymbol{Z} \tag{2-28}$$

同样，$H_2(\boldsymbol{B})$ 和 $H_3(\boldsymbol{B})$ 可以简化为：

$$H_2(\boldsymbol{B})=\mathrm{tr}(\boldsymbol{B}^{\mathrm{T}}\boldsymbol{F}_2\boldsymbol{B}),\quad H_3(\boldsymbol{B})=\mathrm{tr}(\boldsymbol{B}^{\mathrm{T}}\boldsymbol{F}_3\boldsymbol{B}) \tag{2-29}$$

其中，

$$F_2=\frac{1}{Mk}\sum_{i=1}^{M}\sum_{t_1=1}^{k}\boldsymbol{Z}^{\mathrm{T}}(\boldsymbol{x}_{it_2}-\boldsymbol{y}_i)(\boldsymbol{x}_{it_2}-\boldsymbol{y}_i)^{\mathrm{T}}\boldsymbol{Z} \tag{2-30}$$

$$F_3=\sum_{i=1}^{M}\boldsymbol{Z}^{\mathrm{T}}(\boldsymbol{x}_i-\boldsymbol{y}_i)(\boldsymbol{x}_i-\boldsymbol{y}_i)^{\mathrm{T}}\boldsymbol{Z} \tag{2-31}$$

基于式(2-27)~式(2-31)，提出的 PDFL 模型可以表示为：

$$\max H(\boldsymbol{B})=tr[\boldsymbol{B}^{\mathrm{T}}(F_1+F_2-F_3)\boldsymbol{B}]$$

$$\text{s.t.}\ \boldsymbol{B}^{\mathrm{T}}\boldsymbol{B}=\boldsymbol{I},$$

$$\|\boldsymbol{\beta}_k\|_1\leqslant\gamma,\quad k=1,2,\cdots,K \tag{2-32}$$

其中，$\boldsymbol{B}^{\mathrm{T}}\boldsymbol{B}=\boldsymbol{I}$ 是控制 $\boldsymbol{B}$ 比例的约束条件，可以保证式(2-32)中的优化问题对于 $\boldsymbol{B}$ 适当。

由于每个 $\boldsymbol{\beta}_K$ 都有稀疏约束，因此无法通过求解标准特征值方程来获得 $\boldsymbol{B}$。为了解决这个问题,我们提出了一种替代优化方法,将优化问题重新构造为回归问题。令 $F \triangleq F_1 + F_2 - F_3$,在 $F = G^T G$ 上执行奇异值分解(SVD),其中 $G \in R^{N \times N}$。通过使用中间矩阵 $A = [a_1, a_2, \cdots, a_k] \in R^{N \times K}$ 重新构造回归问题。具体如下式所示:

$$\min H(A, B) = \sum_{k=1}^{K} \| G_{a_k} - G\boldsymbol{\beta}_k \|^2 + \lambda \sum_{k=1}^{K} \boldsymbol{\beta}_k^T \boldsymbol{\beta}_k$$
$$\text{s.t. } A^T A = I_{K \times K},$$
$$\| \boldsymbol{\beta}_k \|_1 \leqslant \gamma, \quad k = 1, 2, \cdots, K \tag{2-33}$$

接着采用交替优化的方法来迭代优化 A 和 B。

首先,修正 A,优化 B。

对于给定的 A,可以通过解决以下问题获得 B:

$$\min H(B) = \sum_{k=1}^{K} \| G_{a_k} - G\boldsymbol{\beta}_k \|^2 + \lambda \sum_{k=1}^{K} \boldsymbol{\beta}_k^T \boldsymbol{\beta}_k$$
$$\text{s.t. } \| \boldsymbol{\beta}_k \|_1 \leqslant \gamma, \quad k = 1, 2, \cdots, K \tag{2-34}$$

考虑到 $\boldsymbol{\beta}_k$ 在式(2-34)中的独立性,通过解决以下优化问题来单独获得 $\boldsymbol{\beta}_k$:

$$\min H(\boldsymbol{\beta}_k) = \| h_k - G\boldsymbol{\beta}_k \|^2 + \lambda \boldsymbol{\beta}_k^T \boldsymbol{\beta}_k = \| g_k - P\boldsymbol{\beta}_i \|^2$$
$$\text{s.t. } \| \boldsymbol{\beta}_k \|_1 \leqslant \gamma \tag{2-35}$$

其中,$h_k = G_{a_k}$,$g_k = [h_k^T, 0_N^T]^T$,$P = [G^T, \sqrt{\lambda} 1_N^T]^T$,$\boldsymbol{\beta}_k$ 可以通过使用常规的最小角度回归求解器轻松获得[47]。

其次,修复 B,优化 A。

对于给定的 B,可以通过解决以下问题获得 A:

$$\min H(A) = \| GA - GB \|^2$$
$$\text{s.t. } A^T A = I_{K \times K} \tag{2-36}$$

而 A 可以通过使用 SVD 获得,即:

$$G^T GB = USV^T, \quad A = \tilde{U} V^T \tag{2-37}$$

其中,$\tilde{U} = [u_1, u_2, \cdots, u_k]$ 是 $U = [u_1, u_2, \cdots, u_N]$ 由大到小排列的前 K 个特征向量。

最后不断重复以上两个步骤,直到算法满足一定的收敛条件。算法 2.1 总结了所提出的 PDFL 算法。

算法 2.1　PDFL

输入:参考集:$Z = [z_1, z_2, \cdots, z_n] \in R^{d \times N}$,训练集:$S = \{ (x_i, y_i) \mid i = 1, 2, \cdots, M \}, x_i \in R^d, y_i \in R^d$。

输出:系数矩阵 $B = [\boldsymbol{\beta}_1, \boldsymbol{\beta}_2, \cdots, \boldsymbol{\beta}_K]$。

算法 2.1　PDFL

步骤 1(初始化):

初始化 $A \in R^{N \times K}$ 和 $B \in R^{N \times K}$,将它们的每个条目设置为 1。

步骤 2(局部优化):

对于 $t = 1, 2, \cdots, T$,重复:

2.1 根据式(2-34)计算 B。

2.2 根据式(2-36)、式(2-37)计算 A。

2.3 如果 $t > 2$ 并且 $\|B_t - B_{t-1}\|_F \leqslant \varepsilon$ (ε 在我们的实验中设置为 0.001),请转到步骤 3。

步骤 3(输出系数矩阵):

输出系数矩阵 $B = B_t$。

2.2.2　MPDFL 方法设计

不同的特征描述符可以用来提取不同方面的信息,以便从多个视角对人脸图像进行描述,实现信息互补。为提升算法性能,基于多视图特征提取的方法逐渐被应用于人脸亲属关系识别研究领域。针对这类算法,常采取的做法是将多个特征串联在一起,然后再将现有的特征学习方法应用于串联的特征上。虽然直接串联特征的方法简单且易于实现,但是,直接组合不同的特征没有实际的物理意义,因为它们通常表示不同的统计特征,并且简单的串联也不能很好地利用特征的多样性。为解决这些问题,在本节中,我们进一步提出了一种多视图 PDFL(MPDFL)方法,来学习包含多个低级描述符的公共系数矩阵,以便用于中级特征表示来进行人脸亲属关系识别。

给定训练集 S,首先提取表示为 $S^1, \cdots, S^L$ 的 L 个特征描述符,其中 $S^l = (x_1^l, y_1^l), \cdots, (x_i^l, y_i^l), \cdots, (x_M^l, y_M^l)$ 是第 l 个特征表示,$1 \leqslant l \leqslant L$,$x_i^l \in R^d$ 和 $y_i^l \in R^d$ 是第 l 个特征空间中的第 i 个父母与孩子的人脸图像,$l = 1, 2, \cdots, L$。MPDFL 旨在学习具有稀疏约束的共享系数矩阵 B,以便在中层特征空间中将类内差异最小化并将类间差异最大化。

为了利用人脸图像的互补信息,我们引入了一个非负加权向量 $\alpha = [\alpha_1, \alpha_2, \cdots, \alpha_L]$ 来加权 PDFL 的每个特征空间。通常,α_1 越大,学习得到的稀疏系数矩阵的贡献就越大。通过使用中间矩阵 $A = [a_1, a_2, \cdots, a_k] \in R^{N \times K}$,设计了 MPDFL 算法的目标函数,如下所示:

$$\max_{B, \alpha} \sum_{l=1}^{L} \alpha_l \mathrm{tr}\big[B^T (F_1^l + F_2^l - F_3^l) B\big]$$

$$\text{s. t. } \boldsymbol{B}^{\mathrm{T}}\boldsymbol{B} = \boldsymbol{I},$$

$$\|\boldsymbol{\beta}_k\|_1 \leqslant \gamma, \quad k = 1,2,\cdots,K$$

$$\sum_{l=1}^{L} \alpha_l = 1, \quad \alpha_l \geqslant 0 \tag{2-38}$$

其中，F_1^l，F_2^l 和 F_3^l 是第 l 个特征空间中 F_1，F_2 和 F_3 的表达式，$1 \leqslant l \leqslant L$。

由于式（2-38）的解为 $\alpha_l = 1$，它对应于不同特征描述符上的最大 $\mathrm{tr}[\boldsymbol{B}^{\mathrm{T}}(F_1^l + F_2^l - F_3^l)\boldsymbol{B}]$，否则 $\alpha_l = 0$。为了解决这个问题，将 α_l 重新定义为 $\alpha_l^r(r>1)$，并将目标函数重新定义为：

$$\max_{\boldsymbol{B},\boldsymbol{\alpha}} \sum_{l=1}^{L} \alpha_l^r \mathrm{tr}[\boldsymbol{B}^{\mathrm{T}}(F_1^l + F_2^l - F_3^l)\boldsymbol{B}]$$

$$\text{s. t. } \boldsymbol{B}^{\mathrm{T}}\boldsymbol{B} = I, \quad \|\boldsymbol{\beta}_k\|_1 \leqslant \gamma, \quad k = 1,2,\cdots,K$$

$$\sum_{l=1}^{L} \alpha_l = 1, \quad \alpha_l \geqslant 0 \tag{2-39}$$

与 PDFL 方法相似，将 MPDFL 重新表述为以下回归问题：

$$\min_{\boldsymbol{A},\boldsymbol{B},\boldsymbol{\alpha}} \sum_{l=1}^{L} \sum_{k=1}^{K} \alpha_l^r \|\boldsymbol{G}_l \boldsymbol{a}_k - \boldsymbol{G}_l \boldsymbol{\beta}_k\|^2 + \lambda \sum_{k=1}^{K} \boldsymbol{\beta}_k^{\mathrm{T}} \boldsymbol{\beta}_k$$

$$\text{s. t. } \boldsymbol{A}^{\mathrm{T}}\boldsymbol{A} = \boldsymbol{I}_{K \times K},$$

$$\|\boldsymbol{\beta}_k\|_1 \leqslant \gamma, \quad k = 1,2,\cdots,K \tag{2-40}$$

其中，$F_l = \boldsymbol{G}_l^{\mathrm{T}}\boldsymbol{G}_l$，$F_l = F_1^l + F_2^l - F_3^l$。

由于式（2-40）对于 $\boldsymbol{A}$、$\boldsymbol{B}$ 和 $\boldsymbol{\alpha}$ 是非凸的，因此可以通过使用交替优化方法来迭代求解与 PDFL 相似的问题。

首先，修正 $\boldsymbol{A}$ 和 $\boldsymbol{B}$，优化 $\boldsymbol{\alpha}$。

对于给定的 $\boldsymbol{A}$ 和 $\boldsymbol{B}$，构造拉格朗日函数：

$$L(\alpha,\eta) = \sum_{l=1}^{L} \alpha_l^r \mathrm{tr}[\boldsymbol{B}^{\mathrm{T}}(F_1^l + F_2^l - F_3^l)\boldsymbol{B}] - \xi(\sum_{l=1}^{L} \alpha_l - 1) \tag{2-41}$$

令 $\dfrac{\delta L(\alpha,\eta)}{\delta \alpha_l} = 0$ 和 $\dfrac{\delta L(\alpha,\eta)}{\delta \xi} = 0$，可以得到：

$$r\alpha_l^{r-1}\mathrm{tr}[\boldsymbol{B}^{\mathrm{T}}(F_1^l + F_2^l - F_3^l)\boldsymbol{B}] - \xi = 0 \tag{2-42}$$

$$\sum_{l=1}^{L} \alpha_l - 1 = 0 \tag{2-43}$$

结合式（2-42）和式（2-43），可以得出 α_l 如下所示：

$$\alpha_l = \frac{(1/\mathrm{tr}[\boldsymbol{B}^{\mathrm{T}}(F_1^l + F_2^l - F_3^l)\boldsymbol{B}])^{1/(r-1)}}{\sum_{l=1}^{L}(1/\mathrm{tr}[\boldsymbol{B}^{\mathrm{T}}(F_1^l + F_2^l - F_3^l)\boldsymbol{B}])^{1/(r-1)}} \tag{2-44}$$

其次,修正 $\boldsymbol{A}$ 和 $\boldsymbol{\alpha}$,优化 $\boldsymbol{B}$。

对于给定的 $\boldsymbol{A}$ 和 $\boldsymbol{\alpha}$,解决以下问题以获得 $\boldsymbol{B}$:

$$\min H(\boldsymbol{B}) = \sum_{l=1}^{L}\sum_{k=1}^{K}\alpha_l^r\|\boldsymbol{G}_l\boldsymbol{a}_k - \boldsymbol{G}_l\boldsymbol{\beta}_k\|^2 + \lambda\sum_{k=1}^{K}\boldsymbol{\beta}_k^{\mathrm{T}}\boldsymbol{\beta}_k$$
$$\text{s. t. } \|\boldsymbol{\beta}_k\|_1 \leqslant \gamma, \quad k = 1,2,\cdots,K \tag{2-45}$$

与 PDFL 相似,可以通过解决以下优化问题来单独获得 $\boldsymbol{\beta}_k$:

$$\min H(\boldsymbol{\beta}_k) = \sum_{l=1}^{L}\alpha_l^r\|\boldsymbol{G}_l\boldsymbol{a}_k - \boldsymbol{G}_l\boldsymbol{\beta}_k\|^2 + \lambda\boldsymbol{\beta}_k^{\mathrm{T}}\boldsymbol{\beta}_k$$
$$= \|\boldsymbol{h}_k - \boldsymbol{G}\boldsymbol{\beta}_k\|^2 + \lambda\boldsymbol{\beta}_k^{\mathrm{T}}\boldsymbol{\beta}_k$$
$$= \|\boldsymbol{g}_k - \boldsymbol{P}\boldsymbol{\beta}_i\|^2$$
$$\text{s. t. } \|\boldsymbol{\beta}_k\|_1 \leqslant \gamma \tag{2-46}$$

其中,$\boldsymbol{h}_k = \sum_{l=1}^{L}\alpha_l^r\boldsymbol{G}_l\boldsymbol{a}_k$,$\boldsymbol{g}_k = [\boldsymbol{h}_k^{\mathrm{T}}, \boldsymbol{0}_N^{\mathrm{T}}]^{\mathrm{T}}$,$P = [\sum_{l=1}^{L}\alpha_l^r\boldsymbol{G}_l, \sqrt{\lambda}\,\boldsymbol{1}_N^{\mathrm{T}}]^{\mathrm{T}}$,$\boldsymbol{\beta}_k$ 可以通过使用常规方法最小角度回归求解器来获得[47]。

接下来,修正 $\boldsymbol{B}$ 和 $\boldsymbol{\alpha}$,优化 $\boldsymbol{A}$。

对于给定的 $\boldsymbol{B}$ 和 $\boldsymbol{\alpha}$,解决以下问题以获得 $\boldsymbol{A}$:

$$\min H(\boldsymbol{A}) = \sum_{l=1}^{L}\alpha_l^r\|\boldsymbol{G}_l\boldsymbol{A} - \boldsymbol{G}_l\boldsymbol{B}\|^2$$
$$\text{s. t. } \boldsymbol{A}^{\mathrm{T}}\boldsymbol{A} = \boldsymbol{I}_{K\times K} \tag{2-47}$$

而 $\boldsymbol{A}$ 可以通过使用 SVD 获得,即:

$$\Big(\sum_{l=1}^{L}\alpha_l^r\boldsymbol{G}_l^{\mathrm{T}}\boldsymbol{G}_l\Big)\boldsymbol{B} = \boldsymbol{U}\boldsymbol{S}\boldsymbol{V}^{\mathrm{T}}, \quad \boldsymbol{A} = \tilde{\boldsymbol{U}}\boldsymbol{V}^{\mathrm{T}} \tag{2-48}$$

其中,$\tilde{\boldsymbol{U}} = [u_1, u_2, \cdots, u_k]$ 是 $\boldsymbol{U} = [u_1, u_2, \cdots, u_N]$ 从大到小排列的前 K 个特征向量。

最后,不断重复上述 3 个步骤,直到算法收敛到局部最优。算法 2.2 总结了提出的 MPDFL 算法。

算法 2.2　MPDFL

输入:$\boldsymbol{Z}^l = [z_1^l, z_2^l, \cdots, z_N^l]$ 是参考集的第 l 个特征表示,$S^l = \{(\boldsymbol{x}_i^l, \boldsymbol{y}_i^l) \mid i = 1,2,\cdots,M\}$ 是训练集的第 l 个特征表示。

输出:系数矩阵 $\boldsymbol{B} = [\beta_1, \beta_2, \cdots, \beta_K]$。

算法 2.2 MPDFL

步骤 1(初始化):

1.1. 初始化 $A \in R^{N \times K}$ 和 $B \in R^{N \times K}$,将它们的每个条目设置为 1。

1.2. 初始化 $\boldsymbol{\alpha} = \left[\dfrac{1}{K}, \dfrac{1}{K}, \cdots, \dfrac{1}{K} \right]$ 。

步骤 2(局部优化):

对于 $t = 1, 2, \cdots, T$,重复:

2.1 根据式(2-44)计算 $\boldsymbol{\alpha}$ 。

2.2 根据式(2-46)计算 $\boldsymbol{B}$ 。

2.3 根据式(2-47)~式(2-48)计算 $\boldsymbol{A}$ 。

2.3 如果 $t > 2$ 并且 $\|\boldsymbol{B}_t - \boldsymbol{B}_{t-1}\|_F \leqslant \varepsilon$ (ε 在我们的实验中设置为 0.001),请转到步骤 3。

步骤 3(输出系数矩阵):

输出系数矩阵 $\boldsymbol{B} = \boldsymbol{B}_t$ 。

2.2.3 实验

为了证明本节所提出方法的有效性,我们在 4 个公开的人脸亲属关系数据集上进行了亲属关系识别实验,以下将详细说明实验步骤及取得的结果。

1. 数据集

我们使用了 4 个公开的人脸亲属关系数据集(KinFaceW-Ⅰ、KinFaceW-Ⅱ、Cornell KinFace 和 UB KinFace 数据集)进行评估。所有这些数据集的人脸图像均来自互联网。

KinFaceW-Ⅰ 和 KinFaceW-Ⅱ 数据集都有 4 种亲属关系:① 父子(FS);② 父女(FD);③ 母子(MS);④ 母女(MD)。对于 KinFaceW-Ⅰ 数据集,这 4 种关系分别包含 134、156、127 和 116 对人脸图像。对于 KinFaceW-Ⅱ 数据集,每种关系均包含 250 对人脸图像。

Cornell KinFace 数据集中有 150 对父母和孩子图像,其中 40%、22%、13% 和 25% 分别具有 FS、FD、MS 和 MD 关系。

UB KinFace 数据集中有 600 张来自 400 人的人脸图像。这些图像分为 200 组,每组有 3 张图像,分别对应于孩子、年轻父母和年迈父母的人脸图像。对于每个组,我们构造了两对具有亲属关系的人脸图像:孩子和年轻父母,以及孩子和年迈父母。

因此,我们从 UB KinFace 数据集中共构造了两个子集:① 子集 1 包括 200 个孩子和

200 个年轻父母的人脸图像;② 子集 2 包括 200 个孩子和 200 个年迈父母的人脸图像。由于 UB KinFace 数据集不同的亲属关系图像对存在很大的失衡,其中近 80% 是 FS 关系,因此我们没有在此数据集上分离出不同的亲属关系。

2. 实验设定

我们从 LFW 数据集中随机选择了 4 000 张人脸图像来构建参考集,该参考集用于本实验的 4 个公开的人脸亲属关系数据集中,以学习中层特征表示。

首先依据每个数据集提供的人脸图像中眼睛的位置将所有数据集中的人脸图像对齐,并统一将图像调整为 64×64 像素大小的灰度图像。接着应用 3 种不同的特征描述符,包括 LBP[11]、空间金字塔学习(SPLE)[4] 和 SIFT[71],从每张人脸图像中提取不同的互补信息。

选择这 3 种特征描述符进行多视图特征提取的主要原因为,它们是人脸亲属关系识别中常用的特征表示,并显示出了良好的性能[4,8]。为了展现这 3 种特征描述符的最好性能,我们借鉴了参考文献[8],选取了最能表现其性能的参数设置方案。

对于 LBP 方法,使用 256 个 bin 来描述每张人脸图像。对于 SPLE 方法,首先以 3 种不同的分辨率(0,1 和 2)构造一个网格序列,这样会得到 21 个像元;然后将每个单元格中的每个局部特征量化为 200 个 bin,并用 4 200 维长特征向量表示每张人脸图像。对于 SIFT 方法,首先在每个 16×16 色块上密集采样并计算了一个 128 维特征,其中两个相邻色块之间的重叠为 8 个像素;然后将每个 SIFT 描述符串联到一个长特征向量中。

对于这些特征,我们应用主成分分析将每种特征缩减到 100 个维度,降维的同时还可以消除一些噪声成分。

实验采取了五折交叉验证策略。由于与其他 3 个数据集相比,KinFaceW-Ⅱ 数据集是最大的数据集,为了保证所提出算法可以展现出较好的性能,首先在 KinFaceW-Ⅱ 数据集上调整 PDFL 和 MPDFL 方法的参数。

具体操作为,先随机将 KinFaceW-Ⅱ 数据集分为大小相等的 5 份,4 份数据用于训练,剩余的 1 份数据用于测试。对于训练样本,使用其中的 3 份学习提出的模型,使用另 1 份数据调整所设计模型的参数。在实现过程中,参数 r, λ, γ 和 K 分别根据经验设置为 5,1,0.5 和 500。最后,选取带有 RBF 内核的 SVM 分类器用于验证。

3. 结果与分析

(1)与常用低级特征描述符的比较

我们将提出的 PDFL 和 MPDFL 方法与几种常用的低级特征描述符进行了比较。

主要区别在于,我们的方法提取的是更利于人脸亲属关系识别的中级特征,而不是原始的低级特征。表 2-1～表 2-4 分别列出了所提出方法与 LBP、SPLE 和 SIFT 3 种特征描述符在 KinFaceW-Ⅰ、KinFaceW-Ⅱ、Cornell KinFace 和 UB KinFace 4 个人脸亲属关系数据集上的识别率。从表 2-1～表 2-4 中可以看出,我们提出的 PDFL 和 MPDFL 方法优于用于对比的 3 种低级特征描述符。

表 2-1　不同特征描述符在 KinFaceW-Ⅰ数据集上的识别率　　　　　　（%）

特征	FS	FD	MS	MD	均值
LBP	62.7	60.2	54.4	61.4	59.7
LBP+PDFL	65.7	65.5	60.4	67.4	64.8
SPLE	66.1	59.1	58.9	68.0	63.0
SPLE+PDFL	68.2	63.5	61.3	69.5	65.6
SIFT	65.5	59.0	55.5	55.4	58.9
SIFT+PDFL	67.5	62.0	58.8	57.9	61.6
MPDFL(All)	**73.5**	**67.5**	**66.1**	**73.1**	**70.1**

表 2-2　不同特征描述符在 KinFaceW-Ⅱ数据集上的识别率　　　　　　（%）

特征	FS	FD	MS	MD	均值
LBP	64.0	63.5	62.8	63.0	63.3
LBP+PDFL	69.5	69.8	70.6	69.5	69.9
SPLE	69.8	66.1	72.8	72.0	70.2
SPLE+PDFL	77.0	74.3	77.0	77.2	76.4
SIFT	60.0	56.9	54.8	55.4	56.8
SIFT+PDFL	69.0	62.4	62.4	62.0	64.0
MPDFL(All)	**77.3**	**74.7**	**77.8**	**78.0**	**77.0**

表 2-3　不同特征描述符在 Cornell KinFace 数据集上的识别率　　　　（%）

特征	FS	FD	MS	MD	均值
LBP	67.1	63.8	75.0	60.0	66.5
LBP+PDFL	67.9	64.2	77.0	60.8	67.5
SPLE	72.7	66.8	75.4	63.2	69.5
SPLE+PDFL	73.7	67.8	76.4	64.2	70.5
SIFT	64.5	67.3	68.4	61.8	65.5
SIFT+PDFL	66.5	69.3	69.4	62.8	67.0
MPDFL(All)	**74.8**	**69.1**	**77.5**	**66.1**	**71.9**

表 2-4　不同特征描述符在 UB KinFace 数据集上的识别率　　　　（%）

特征	子集 1	子集 2	均值
LBP	63.4	61.2	62.3
LBP+PDFL	64.0	62.2	63.1
SPLE	61.9	61.3	61.6
SPLE+PDFL	62.8	63.5	63.2
SIFT	62.5	62.8	62.7
SIFT+PDFL	63.8	63.4	63.6
MPDFL（All）	**67.5**	**67.0**	**67.3**

（2）与性能较好的亲属关系识别方法的比较

为了进一步研究本节提出的特征学习方法与其他方法之间的性能差异，我们使用基于 Bernoulli 模型[48]的原假设统计检验理论对算法验证结果进行评估，以验证我们的方法和结果与其他方法相比具有统计意义。表 2-5 将提出的 PDFL 和 MPDFL 方法与几种性能较好的亲属关系识别方法进行了比较。

在表 2-5 中每种方法的识别率之后，圆括号中给出了 PDFL 和 MPDFL 的 p 检验结果，其中数字"1"代表显著差异，数字"0"代表其他。每个括号中都有两个数字，第一个代表 PDFL 与所对比方法的显著差异，第二个代表 MPDFL 与所对比方法的显著差异。可以看到，PDFL 与所对比方法具有可比的准确性，并且当使用相同的亲属关系数据集进行评估时，MPDFL 的性能要优于所对比的人脸亲属关系识别方法。此外，通过与大多数算法进行比较可知，MPDFL 的性能得到了显著的提升。

表 2-5　不同亲属识别方法在 4 个数据集上的识别率　　　　（%）

方法	KinFaceW-Ⅰ	KinFaceW-Ⅱ	Cornell KinFace	UB KinFace
方法[3]	N. A.	N. A.	70.7（0,1）	N. A.
方法[5]	N. A.	N. A.	N. A.	56.5（1,1）
NRML[8]	64.3（0,1）	75.7（0,1）	69.5（0,1）	65.6（0,1）
MNRML[8]	69.9（0,0）	76.5（0,1）	71.6（0,0）	67.1（0,0）
PDFL（best）	64.8	70.2	70.5	63.6
MPDFL	**70.1**	**77.0**	**71.9**	**67.3**

由于我们提出的特征学习方法和流行的度量学习方法都用到了具有区分性的信息，不同之处在于我们提出的特征学习方法是在特征提取阶段利用了区分性信息，度量学习方法是在相似性度量阶段利用了区分性信息。为了验证两者结合起来用于亲属关系识

别的性能效果,我们也进行了相关的实验。表 2-6 列出了以不同方式利用此类区别性信息时的验证性能。可以看到,采用判别式度量学习方法可以进一步提高我们的特征学习方法的性能。

表 2-6　我们的方法与度量学习方法在 4 个数据集上的对比(识别率)　　　　(%)

方法	KinFaceW-Ⅰ	KinFaceW-Ⅱ	Cornell KinFace	UB KinFace
NRML	64.3	75.7	69.5	65.6
PDFL(best)	64.8	70.2	70.5	63.6
PDFL(best)+NRML	67.4	77.5	73.4	67.8
MNRML	69.9	76.5	71.6	67.1
MPDFL	70.1	77.0	71.9	67.3
MPDFL+ MNRML	**72.3**	**78.5**	**75.4**	**69.8**

（3）与不同分类器的比较

我们研究了应用不同分类器时 PDFL(最佳单一特征)和 MPDFL 的性能。实验评估了两种分类器:SVM 和最近邻(NN)。对于 NN 分类器,使用两张人脸图像的余弦相似度作为度量距离。表 2-7 和表 2-8 列出了 PDFL 和 MPDFL 使用不同分类器进行验证时的平均识别率。可以看出,我们提出的特征学习方法对分类器的选择不敏感,具有较好的鲁棒性。

表 2-7　不同分类器时 PDFL 在 4 个数据集上的识别率　　　　(%)

方法	KinFaceW-Ⅰ	KinFaceW-Ⅱ	Cornell KinFace	UB KinFace
NN	63.9	69.3	70.1	63.1
SVM	64.8	70.2	70.5	63.6

表 2-8　不同分类器时 MPDFL 在 4 个数据集上的识别率　　　　(%)

方法	KinFaceW-Ⅰ	KinFaceW-Ⅱ	Cornell KinFace	UB KinFace
NN	69.6	76.0	70.4	66.2
SVM	70.1	77.0	71.9	67.3

（4）参数分析

以 KinFaceW-Ⅰ 数据集为例,研究 MPDFL 方法相对于 K 和 γ 变化值的识别性能和训练成本。

图 2-10 和图 2-11 显示了相对于不同的 K 和 γ 的 MPDFL 的平均识别率和训练时间。可以看到,当 K 和 γ 分别设置为 500 和 0.5 时,在我们提出方法的效率和有效性之间可以达到一个良好的平衡。

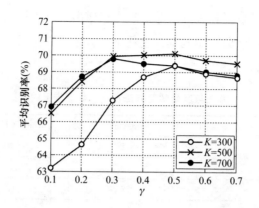

图 2-10 不同 K 值时 MPDFL 方法的平均识别率

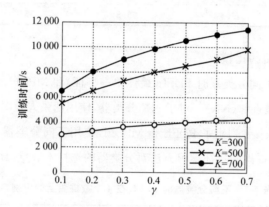

图 2-11 不同 γ 值时 MPDFL 方法的训练时间

图 2-12 显示了在 KinLaceW-I数据集上 PDFL 和 MPDFL 方法的平均识别率与不同迭代次数的关系。可以看到,PDFL 和 MPDFL 方法在几次迭代中都达到了稳定的验证性能。

我们还研究了 MPDFL 方法中参数 r 的影响。图 2-13 显示了 MPDFL 方法的识别率在不同亲属关系数据集上与不同 r 数量的关系。可以看到,我们的 MPDFL 方法对参数 r 具有鲁棒性,并且当 r 设置为 5 时,可以获得最佳的验证性能。

(5)计算时间

为了验证所提出方法的效率,将 PDFL 和 MPDFL 方法的计算时间与基于度量学习的亲属关系识别方法进行了比较,具体包括近邻排斥度量学习(NRML)和多视图邻域排斥度量学习(MNRML)。所用实验硬件包括 1 个 2.4 GHz CPU 和 1 个 6 GB RAM。

表 2-9 显示了使用不同方法进行训练和测试时所花费的时间,具体使用了 MATLAB 软件,KinFaceW-I数据库和 SVM 分类器。可以看到,我们的特征学习方法的计算时间与 NRML 和 MNRML 的计算时间相当。

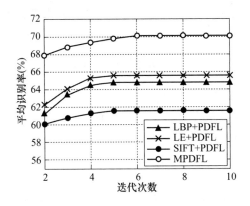

图 2-12　不同迭代次数时 PDFL 和 MPDFL 方法在 KinFaceW-Ⅰ数据集上的平均识别率

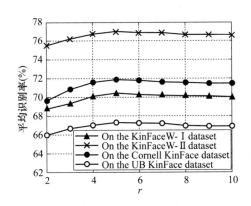

图 2-13　不同 r 值时 MPDFL 方法在不同亲属关系数据集上的平均识别率

表 2-9　不同亲属关系识别方法在 KinFaceW-Ⅰ数据集上的 CPU 时间　　　　s

方法	训练	测试
NRML	18.55	0.95
MNRML	22.35	0.95
PDFL	18.25	0.95
MPDFL	21.45	0.95

（6）在亲属关系识别任务中与人类观察者的比较

参考文献[8]评估了人类在亲属关系识别实验中的能力，参考此文献，我们在 KinFaceW-Ⅰ和 KinFaceW-Ⅱ数据集上将我们提出的方法与人类观察者进行了比较。

为了更好地对两者的能力进行对比，我们选择了本节实验中所用的训练样本及其在实验方法中使用的亲属关系标签，提供给了 10 名 20～30 岁的人类观察者（包括 5 名男性和 5 名女性）作为先验知识，便于从人脸图像对中学习亲属关系。然后，我们将在实验中使用的测试样本提供给了这 10 名人类观察者,以评估人类在亲属关系识别中的表现。

参考文献[8]对人类观察者进行了两种评估,分别为 HumanA 和 HumanB。HumanA 指的是提供给观察者的验证图像只包含人脸区域,HumanB 指的是将包含人脸区域及背景环境的整张图像提供给人类观察者。

表 2-10 展示了人类观察者以及我们所提出方法的对比结果。可以看到,在 KinFaceW-Ⅰ 和 KinFaceW-Ⅱ 这两个亲属关系数据集的大部分子集上,我们提出的方法比人类观察者具有更好的亲属关系识别性能。

表 2-10　我们的方法与人类观察者在 KinFaceW-Ⅰ 和
KinFaceW-Ⅱ 数据集上性能的比较(识别率)　　　　　　　　　　（%）

方法	KinFaceW-Ⅰ				KinFaceW-Ⅱ			
	FS	FD	MS	MD	FS	FD	MS	MD
HumanA	62.0	60.0	68.0	72.0	63.0	63.0	71.0	75.0
HumanB	68.0	66.5	74.0	75.0	72.0	72.5	77.0	80.0
PDFL(SPLE)	68.2	63.5	61.3	69.5	77.0	74.3	77.0	77.2
MPDFL	73.5	67.5	66.1	73.1	77.3	74.7	77.8	78.0

4. 讨论

根据表 2-1~表 2-10 以及图 2-10~图 2-13 中所列的实验结果,可以得到以下 4 个观察结果。

① 中级特征比低级特征具有更好的区分性,可以获得更好的人脸亲属关系识别性能。这是因为学习的中级特征利用了区分性信息,而低级特征无法实现。

② MPDFL 方法的性能比 PDFL 方法的性能更好,这表明利用多个特征描述符来学习中级特征比使用单个特征描述符可以获得更多互补的信息。

③ PDFL 方法与流行的亲属关系识别方法相比具有可比或更好的性能。这是因为大多数亲属关系识别方法通常使用低级特征来表示人脸,不足以很好地识别人脸图像的亲属关系。

④ PDFL 和 MPDFL 两种方法都比人类观察者获得了更好的亲属关系识别性能,进一步展示了基于计算机视觉进行人脸亲属关系识别在实际应用中的潜力。

在本节中,我们提出了两种区分性强的中级特征学习方法,称为 PDFL 和 MPDFL,通过人脸图像进行亲属关系识别。在 4 个公开可用的人脸亲属关系数据集上的实验结果表明,我们提出的方法优于所对比的人脸特征描述符和亲属关系识别方法。

2.3　判别紧致二值人脸描述符方法

与手工提取特征的方法不同,特征学习的方法可以直接从原始图像中学习到特征表示。现有的大多数特征学习方法都是有监督的,这就意味着为了训练模型,通常需要大量带标签样本。然而,高质量、带标签的数据样本在人脸亲属关系识别领域十分有限。因此,基于少量已标记学习样本的特征表示对人脸亲属关系识别具有较好的研究价值。

在过去的十几年间,一些关于二值编码学习的方法不断被提出,这些方法主要可以分为两类:局部二值编码学习和全局二值编码学习。第一种方法致力于在局部图像块中学习二值特征[49,50],而第二种方法则致力于学习整张图片的紧致二值描述符[51,52]。

此外,这些方法可以通过 3 种不同的方式进行学习,包括无监督学习、有监督学习以及半监督学习,它们分别使用了不同数量的有标签数据来学习二值特征。虽然许多工作都试图将二值编码学习应用到人脸表征中,但绝大多数都是无监督的方法。因此,如何利用少量的带标签数据来学习更有区分能力的二值特征,已经成为人脸亲属关系识别领域一个值得关注的研究热点。

我们针对人脸亲属关系识别问题提出了一种弱监督特征学习方法——判别紧致二值人脸描述符(D-CFBD)[53]。不同于大部分无监督的二值特征学习方法,D-CFBD 方法旨在从大量的弱标记样本中学习人脸的判别型特征表示。具体来讲,对于每张人脸图片,首先基于局部图像块计算像素差异化向量(PDVs),然后学习一个判别性投影,将每个 PDV 投影到一个低维的二值特征空间中。最后,在 3 个已公开人脸亲属关系数据集上进行了实验,实验结果验证了我们所提出的方法的有效性。

2.3.1　D-CFBD 方法设计

设 $X = [x_1, x_2, \cdots, x_n]$ 是含有 n 个样本的训练集,其中 $x_i \in R^d (1 \leqslant i \leqslant n)$ 为其中的第 i 个像素差异化向量(PDV)。本节提出的方法的目标就是学习 K 个哈希函数,以将每个 x_i 映射并量化为一个二进制向量 $b_i = [b_{1n}, \cdots, b_{Kn}]^T \in \{0,1\}^{K*1}$,通过这样的方式来获得一个紧致二值特征向量。设 $w_k \in R^d$ 是第 k 个映射函数,则 x_i 的第 k 个二值编码 b_{ki} 可以通过以下公式计算:

$$b_{ki} = 0.5(\mathrm{sgn}(w_k^T x_i) + 1)$$

$$\text{sgn}(t) = \begin{cases} 1 & (t \geqslant 0) \\ -1 & (t < 0) \end{cases} \tag{2-49}$$

为了使所学习的二值编码更加具有可分辨性,我们期望正样本对的二值编码之间的距离较小,而负样本对所对应的二值编码之间的距离较大。具体来讲,正样本对和负样本对分别表示有亲属关系和没有亲属关系的人脸样本对。

为了达到这个目的,提出了以下优化问题:

$$\min_{w_k} F = F_1 + \lambda_1 F_2 + \lambda_2 F_3 - \lambda_3 F_4 = \sum_{i=1}^{n} \sum_{k=1}^{K-1} \| b_{ki} - b_{ki}^s \|^2$$

$$- \sum_{i=1}^{n} \sum_{k=1}^{K-1} \| b_{ki} - b_{ki}^d \|^2 + \lambda_1 \sum_{i=1}^{n} \sum_{k=1}^{K} \| (b_{ki} - 0.5) - w_k^T x_i \|^2$$

$$+ \lambda_2 \sum_{k=1}^{K} \left\| \sum_{i=1}^{n} (b_{kn} - 0.5) \right\|^2 - \lambda_3 \sum_{i=1}^{n} \sum_{k=1}^{K} \| (b_{ki} - u_k) \|^2 \tag{2-50}$$

其中,u_k 是所有 PDV 中第 k 位的平均值,b_{ki}^s 是所有正样本对的第 k 位二值编码,b_{ki}^d 是所有负样本对的第 k 位二值编码。

式(2-50)中的第一项旨在使得不同类别样本的二值编码尽可能地不同,而同一类别样本的二值编码尽可能地相似。式(2-50)中的第二项旨在最小化二值特征与原始实值特征之间的量化损失。而式(2-50)的最后一项希望学习到的二值编码尽可能均匀地分布。这里的 λ_1、λ_2、λ_3 是 3 个平衡不同项之间权重的参数。通过使用交叉验证策略,我们根据经验将它们分别初始化为 1 000、1 000 和 1 000 000。

设 $W = [w_1, w_2, \cdots, w_n] \in R^{d \times k}$ 为投影矩阵,每个样本 x_i 都能通过下面的式子映射为二值向量:

$$b_i = 0.5(\text{sgn}(W^T x_i) + 1) \tag{2-51}$$

这时,式(2-50)便可以简化为如下的矩阵的形式:

$$\min_{w_k} F = F_1 + \lambda_1 F_2 + \lambda_2 F_3 - \lambda_3 F_4$$

$$= S_w(W) - S_b(W) + \lambda_1 \| (B - 0.5A) - W^T X \|_F^2$$

$$+ \lambda_2 \| (B - 0.5A) \times 1^{N \times 1} \|_F^2 - \lambda_3 \text{tr}((B - U)^T (B - U)) \tag{2-52}$$

其中,$S_w(W)$ 与 $S_b(W)$ 分别表示训练集中二值特征向量的类间散度和类内散度,矩阵 A 中所有的元素都为 1。

由于非线性函数 sgn(•) 使式(2-52)成为 NP-Hard 问题,我们将 sgn(•) 函数放宽为符号量,并采用与参考文献[54]中相同的逼近方法来求解该问题。

2.3.2　D-CBFD 在人脸表征中的应用

在得到投影矩阵 W 后,首先将每个 PDV 投影为一个低维二值特征向量,然后将每张人脸中的二值特征向量合并成直方图特征作为最终表示。为了使同一张人脸对应的二值编码可以合并,用无监督学习聚类的方法,从训练集中的人脸图像子块中学习一个编码本。为了在人脸图像中提取到更多与位置相关的特征,首先将每张人脸图像分割成多个非重叠的子块,并学习每个子块的判别性特征投影 W。这样,每个子块都被表示为一个直方图特征,接着将所有子块的特征结合起来,作为整张人脸图像的特征表示。

图 2-14 为将 D-CBFD 应用到人脸表征的流程图。首先将训练集的人脸图像分割成几个不重叠的区域并学习其对应的特征映射 W 和编码本。接着,将每个 PDV 投影到一个低维二值特征向量,最后将属于每张人脸的二值特征向量转成特征直方图。

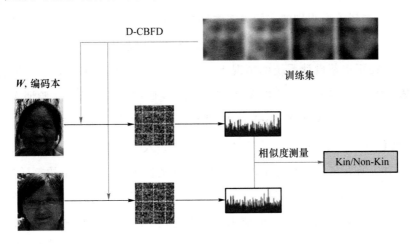

图 2-14　基于 D-CBFD 的人脸表征流程图

D-CBFD 方法与现有的 CBFD 方法之间存在着显著的区别。虽然 CBFD 和 D-CBFD 都是用于人脸特征表示的局部二值特征学习方法,它们之间仍有一个关键区别:CBFD 是无监督的特征学习方法,而 D-CBFD 是弱监督学习的方法。相应地,CBFD 能够应用在没有标注数据的训练集上,而 D-CBFD 需要利用少量的带标签数据。正因为如此,D-CBFD 可以更好地挖掘具有区分度的信息来学习二值编码,从而可以达到更好的识别性能。

2.3.3　实验

为了验证所提出方法的有效性，我们在 3 个公开的人脸亲属关系数据集（包括 KinFaceW-Ⅰ、KinFaceW-Ⅱ 以及 KFVW 数据集）上进行了亲属关系识别实验。KFVW 数据集主要来自互联网上的电视节目，包括 418 对人脸视频，其中父子（FS）关系 107 对，父女（FD）关系 101 对，母子（MS）关系 100 对，母女关系（MD）110 对。KFVW 数据集中的视频样本涉及的姿态、光照、背景、遮挡、表情、妆容、年龄等信息都有很大的变化，可以为人脸的表征提供更多的信息。

下面详细介绍实验结果及其分析。

1. 参数设置

一般来说，亲属关系识别的实验方案主要包括两类：闭集和开集。在实验中，我们遵循数据集创建者最初设计的标准开集设置。之所以使用开集设置，是因为亲属关系识别系统的目的是在不重新设计系统的情况下，识别一对新的人脸样本是否存在亲属关系。对于 KinFaceW-Ⅰ 和 KinFaceW-Ⅱ 这两个数据集，我们进行了五折交叉验证实验。

具体来讲，KinFaceW-Ⅰ 和 KinFaceW-Ⅱ 数据集的每个子集都被均分为了 5 份，这样，每一份便包含了几乎同等数量的具有亲属关系的人脸样本对。对于 KVFW 数据集，我们使用了对应所有亲属关系的正人脸样本对，并随机生成相同数量的负样本对。具体来说，一个负样本对是由两个视频组成的，其中一个是在"父母"集上随机选择得到，而另一个是在"子女"集上随机选择得到，要求这两个视频中的人物不构成亲属关系。

对于每种亲属关系，我们随机抽取 80% 的视频对，用来进行模型训练，其余 20% 的视频对用来进行测试。重复这个过程 10 次，同时记录验证的正确率，以进行性能评估。

为了对不同方法的参数进行调优，我们在训练集上采用四折交叉验证策略来寻找最佳参数。具体来讲，首先将训练集中的样本分成 4 份，每份具有几乎相同数量的具有亲属关系的人脸对，使用其中的 3 份来训练模型，余下的一份用来调整参数。

在计算出每张人脸图像的特征表示之后，首先通过计算余弦相似度，度量测试集上给定的一组图片的距离，如果距离小于阈值，则预测它们为正样本对，反之为负样本对。

为了进一步提高验证性能，我们还采用了判别式深度度量学习（DDML）方法来学习判别式距离网络，以更好地计算每张测试人脸图像的相似度。这里，首先利用学习到的 DDML 网络，将每张人脸图像映射到一个判别性的特征空间，然后计算它们的余弦相似度,从而进行亲属关系验证。

2. 结果与分析

(1) 不同特征描述符之间的比较

我们首先比较了本节提出的 D-CBFD 与传统的人脸描述符(局部二值模式(LBP)、密集 SIFT(D-SIFT)、HOG、LPQ 和 CBFD),用于比较的特征提取方法的代码来自参考文献。表 2-11～表 2-16 分别展示了不同方法在 KinFaceW-Ⅰ、KinFaceW-Ⅱ 和 KVFW 数据集上的验证性能。可以看出,我们的 D-CBFD 方法在所有数据集上都优于其他的特征表示方法,这是因为它是一种判别性特征学习方法,可以很好地利用更多的自适应数据和鉴别信息。

表 2-11　使用余弦相似度的不同特征描述符在 KinFaceW-Ⅰ 数据集上的识别率　　　(%)

特征	FS	FD	MS	MD	均值
LBP	68.8	65.2	70.5	72.0	69.1
DSIFT	68.0	68.9	71.9	76.1	71.2
HOG	72.9	67.1	68.8	74.9	70.7
LPQ	76.3	70.6	73.1	78.5	74.6
CBFD	76.6	70.9	73.4	78.8	74.9
D-CBFD	**77.6**	**71.6**	**74.1**	**79.5**	**75.6**

表 2-12　使用 DDML 的不同特征描述符在 KinFaceW-Ⅰ 数据集上的识别率　　　(%)

特征	FS	FD	MS	MD	均值
LBP	70.8	67.2	72.5	74.0	71.1
DSIFT	70.0	70.9	73.9	78.1	73.2
HOG	73.9	69.1	70.8	76.9	72.7
LPQ	78.3	72.6	75.1	80.5	76.6
CBFD	78.6	72.9	75.4	80.8	76.9
D-CBFD	**79.6**	**73.6**	**76.1**	**81.5**	**77.6**

表 2-13　使用余弦相似度的不同特征描述符在 KinFaceW-Ⅱ 数据集上的识别率　　　(%)

特征	FS	FD	MS	MD	均值
LBP	70.4	62.3	65.6	69.2	66.9
DSIFT	73.6	61.8	68.0	72.7	69.0
HOG	72.9	64.5	71.1	71.4	70.0

特征	FS	FD	MS	MD	均值
LPQ	78.0	73.2	74.4	76.3	75.5
CBFD	78.5	73.7	74.9	76.8	76.0
D-CBFD	**79.0**	**74.2**	**75.4**	**77.3**	**78.5**

表 2-14　使用 DDML 的不同特征描述符在 KinFaceW-Ⅱ 数据集上的识别率　　　　（%）

特征	FS	FD	MS	MD	均值
LBP	72.4	64.3	67.6	71.2	68.9
DSIFT	75.6	63.8	70.0	74.7	71.0
HOG	74.9	66.5	73.1	73.4	72.0
LPQ	80.0	75.2	76.4	78.3	77.5
CBFD	80.5	75.7	76.9	78.8	78.0
D-CBFD	**81.0**	**76.2**	**77.4**	**79.3**	**78.5**

表 2-15　使用余弦相似度的不同特征描述符在 KVFW 数据集上的识别率　　　　（%）

特征	FS	FD	MS	MD	均值
LBP	60.5	56.0	57.8	58.9	58.3
DSIFT	60.8	56.3	58.1	59.2	58.6
HOG	60.7	56.2	58.0	59.1	58.5
LPQ	61.0	56.5	58.3	59.4	58.8
CBFD	61.3	56.8	58.6	59.7	59.1
D-CBFD	**61.5**	**57.0**	**58.8**	**59.9**	**59.3**

表 2-16　使用 DDML 的不同特征描述符在 KVFW 数据集上的识别率　　　　（%）

特征	FS	FD	MS	MD	均值
LBP	62.5	58.0	59.8	60.9	60.3
DSIFT	62.8	58.3	60.1	61.2	60.6
HOG	62.7	58.2	60.0	61.1	60.5
LPQ	63.0	58.5	60.3	61.4	60.8
CBFD	63.3	58.8	60.6	61.7	61.1
D-CBFD	**63.5**	**59.0**	**60.8**	**61.9**	**61.3**

（2）与 C-CBFD 的比较

我们将 D-CBFD 与 C-CBFD 进行了比较，后者也是一种弱监督的局部二值特征学习方法。表 2-17～表 2-19 分别显示了使用 DDML 进行验证时,它们在 KinFaceW-Ⅰ、KinFaceW-Ⅱ 和 KVFW 数据集上的验证性能。可以看出,我们的 D-CBFD 在所有数据集上都略优于 C-CBFD,因为 C-CBFD 只利用正样本对的判别性信息,而忽略了负样本对之间的判别性信息。

表 2-17　使用 DDML 的 C-CBFD 与 D-CBFD 方法在 KinFaceW-Ⅰ 数据集上的识别率　（％）

特征	FS	FD	MS	MD	均值
C-CBFD	79.2	73.2	75.7	81.1	77.2
D-CBFD	**79.6**	**73.6**	**76.1**	**81.5**	**77.6**

表 2-18　使用 DDML 的 C-CBFD 与 D-CBFD 方法在 KinFaceW-Ⅱ 数据集上的识别率　（％）

特征	FS	FD	MS	MD	均值
C-CBFD	80.7	75.9	77.1	79.0	78.2
D-CBFD	**81.0**	**76.2**	**77.4**	**79.3**	**78.5**

表 2-19　使用 DDML 的 C-CBFD 与 D-CBFD 方法在 KVFW 数据集上的识别率　（％）

特征	FS	FD	MS	MD	均值
C-CBFD	63.4	58.9	60.7	61.8	61.2
D-CBFD	**63.5**	**59.0**	**60.8**	**61.9**	**61.3**

（3）与性能较好的亲属关系识别方法的比较

我们将 D-CBFD 方法与几种性能较好的亲属关系识别方法进行了比较。图 2-15～图 2-17 展示了我们的方法与所对比方法在不同数据集上的识别性能。可以看到,D-CBFD 方法展现了优于其他对比方法的性能。

（4）参数分析

图 2-18 显示了 D-CBFD 在 KinFaceW-Ⅰ 数据集上,当设置不同二值编码长度时,其分别对应的的识别性能。可以看到,当二值编码长度设置在 15～20 之间时,D-CBFD 的性能最好。

图 2-19 显示了 D-CBFD 在 KinFaceW-Ⅰ 数据集上,当 λ_1、λ_2、λ_3 这 3 个参数的值不同时,其分别对应的识别性能。可以看到,当这 3 个参数分别设置为 1 000、1 000 和 1 000 000 时,D-CBFD 的性能最好。

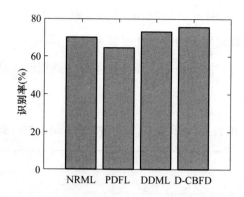

图 2-15　几种方法在 KinFaceW-Ⅰ数据集上的比较

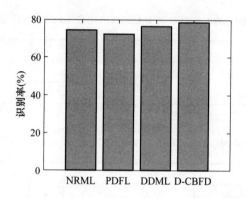

图 2-16　几种方法在 KinFaceW-Ⅱ数据集上的比较

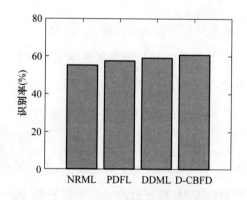

图 2-17　几种方法在 KVFW 数据集上的比较

　　本节提出了一种用于人脸亲属关系识别的判别紧致二值人脸描述符（D-CFBD）。在 3 个公开的亲属关系数据集上的实验结果表明了该方法的有效性。该方法也可应用于其他计算机视觉应用，如视觉跟踪和目标识别，以进一步证明该方法的有效性。

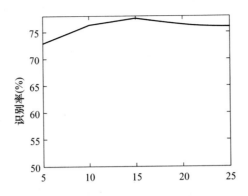

图 2-18　D-CBFD 在 KinFaceW-Ⅰ数据集上不同二值编码长度的识别性能对比

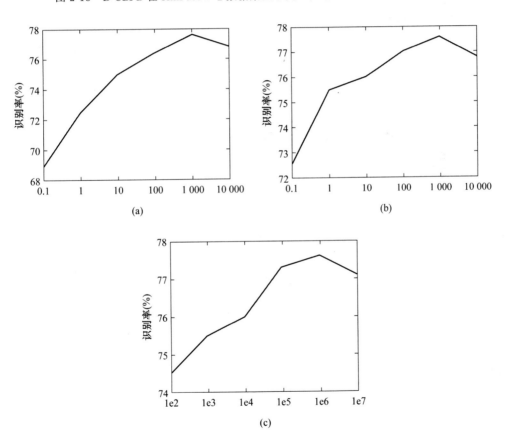

图 2-19　不同 λ_1、λ_2、λ_3 取值的 D-CBFD 识别性能对比

小　结

　　本章首先介绍了基于表示学习的人脸亲属关系识别,主要包括相关基础知识和方法的介绍,具体为最近邻 KNN 以及支持向量机(SVM)两类常用分类方法的理论知识,还有近几年内提出的性能较好的用于人脸亲属关系识别的特征学习方法。接着,本章还介绍了我们提出的两种特征学习新方法:基于原型判别表示学习的人脸亲属关系识别;基于判别二值表示学习的人脸亲属关系识别。在公开的亲属关系数据集上的实验结果验证了我们所提出方法的有效性。

第3章
基于度量学习的人脸亲属关系识别

3.1 概　　述

在本书的第2章中,我们介绍了K近邻学习(KNN)。对于分类问题,KNN算法旨在通过计算新数据与历史样本数据中类别不同的数据点之间的距离来对新的数据进行分类。这里提到的"距离"可以反映出两个样本的相似性,"距离"越小,表示两个样本越相似,属于同一类的可能性也就越大。那么如何计算两个样本之间的"距离"呢?度量距离是常采用的一种方法,即利用相关领域的先验知识来选择一个标准的距离进行度量。例如,我们下面将要介绍的欧氏距离、曼哈顿距离、余弦相似性度量、马氏距离等。

虽然标准的距离度量方法使用起来比较简单,但对于不同的数据和不同的任务很难保证都有较好的性能。如图3-1所示,图中每一列为同一人的人脸图像,但它们具有不同的表情、姿态、年龄等信息。除此以外,第一列和第二列的个体具有母女关系,第二列和第三列的个体具有父女关系。基于这组图像,可以完成人脸识别、表情识别、年龄估计、姿态识别、亲属关系识别等多个任务。虽然面对的是同一组数据,但很难找到一个适用于所有任务的距离度量方法。这就需要我们根据不同的任务自主学习出适合的度量距离函数,这也是度量学习旨在解决的问题。

距离度量学习[55](或简称为度量学习)旨在自动地从有监督的数据中,以机器学习的方式构造出与任务相关的距离度量。学习到的距离度量可以用于不同的任务(如KNN分类、聚类、信息检索等)中。

度量学习是一种常用的机器学习的学习方法,可以自动地从有标签的数据中构造出

图 3-1　具有不同表情、姿态等信息的人脸图像样本图

与任务相关的距离度量。简而言之,度量学习其实就是"学习"合适的度量距离的一种机器学习方法。

3.1.1　相关知识概述

度量距离种类很多,本节将介绍几种常用的度量距离计算方法[32]。

(1) 欧氏距离

欧氏距离在度量距离中是最常用的一种距离定义方式,欧氏距离指的是在 n 维空间中两个点之间的真实距离,或一向量的自然长度。在 n 维空间中,对于两个向量 X 和 Y,它们之间的欧氏距离表达式为:

$$D(X,Y) = \sqrt{\sum_{i=1}^{n}(x_i - y_i)^2} \tag{3-1}$$

基于这个公式,如果想计算二维欧氏平面或三维欧氏空间中两点的距离,直接取 $n=2$ 和 $n=3$ 即可。

$n=2$ 时,

$$D(X,Y) = \sqrt{(x_1 - y_1)^2 + (x_2 - y_2)^2} \tag{3-2}$$

$n=3$ 时,

$$D(X,Y) = \sqrt{(x_1 - y_1)^2 + (x_2 - y_2)^2 + (x_3 - y_3)^2} \tag{3-3}$$

如果特征向量的各分量的量纲不一样,比如我们在判断一个人是否超重时,需要同时用到他的身高和体重两个指标,但这两个指标采取了不同的量纲。为了保证结果的正确性,通常需要对这两个指标(各分量)进行标准化,去除其单位的影响。

假设样本集 X 的均值为 m,标准差为 s,则 X 的标准化变量 X^* 可以表示为:

$$X^* = \frac{X - m}{s} \tag{3-4}$$

(2)曼哈顿距离

曼哈顿距离也称为城市街区距离,是一种使用在几何度量空间的几何学用语,用以标明两个点在标准坐标系上的绝对轴距总和,可用如下公式表示:

$$D(X,Y) = |x_1 - y_1| + |x_2 - y_2| \tag{3-5}$$

对于 n 维空间的两点 X 和 Y 来说,曼哈顿距离可用如下公式计算:

$$D(X,Y) = \|x - y\| = \sum_{i=1}^{n} |x_i - y_i| \tag{3-6}$$

(3)切比雪夫距离

切比雪夫距离是由一致范数(或称为上确界范数)所衍生的度量。在数学中,切比雪夫距离是向量空间中的一种度量,两个点之间的距离定义是其各坐标数值差的最大值。具体表示如下:

$$D(X,Y) = \|X - Y\| = \lim_{p \to \infty} \left(\sum_{i=1}^{n} |x_i - y_i|^p \right)^{1/p} = \max |x_i - y_i| \tag{3-7}$$

(4)闵可夫斯基距离

闵可夫斯基距离简称闵氏距离,它其实不是一种距离,而是一组距离的定义,是对多个距离度量公式的概括性的表述。

两个 n 维变量 $X = (x_1, x_2, \ldots, x_n) \in R^n$ 和 $Y = (y_1, y_2, \ldots, y_n) \in R^n$ 之间的闵氏距离定义为:

$$\left(\sum_{i=1}^{n} |x_i - y_i|^m \right)^{1/m} \tag{3-8}$$

其中,m 取 1 或 2 时的闵氏距离是最为常用的,$m=2$ 即为欧氏距离,而 $m=1$ 时则为曼哈顿距离。当 m 取无穷时得到的是切比雪夫距离。

(5)余弦相似性度量

余弦相似性度量也称夹角余弦,通常用来衡量样本向量之间的差异。如果两个二维向量的夹角越接近于 $0°$,那么其余弦值越接近于 1,表明两个向量越相似。这种以两个向量夹角的余弦值作为衡量两个向量样本间差异大小的方法,就是余弦相似性度量。将两个向量拓展到 n 维空间,则两个向量夹角的余弦值计算公式如下:

$$\cos\theta = \frac{\sum\limits_{i=1}^{n}(x_i y_i)}{\sqrt{\sum\limits_{i=1}^{n} x_i^2}\sqrt{\sum\limits_{i=1}^{n} y_i^2}} \tag{3-9}$$

余弦距离是在欧氏距离的基础上提出的,当欧氏距离进行归一化后就相当于是余弦距离。它的取值范围为 $[-1,1]$,余弦值越大表示两个向量的夹角越小,余弦值越小表示两向量的夹角越大。当两个向量的方向重合时,余弦取最大值 1;当两个向量的方向完全相反时,余弦取最小值 -1。由此可见,余弦距离可以有效地回避个体的不同程度的差异表现,比较注重的是维度之间的差异,而不是数值上的差异。

相比欧氏距离,余弦距离更加注重两个向量在方向上的差异,而非距离或长度上的差异。而欧氏距离对数值比较敏感,对离群数据而言,使用欧氏距离误差会较大。为了克服欧氏距离对离群数据敏感的缺点,可以用余弦距离代替欧氏距离,通过新表示数据与原数据的余弦距离描述两者的误差。

(6) 马氏距离

马氏距离是数据的协方差距离。它是一种有效的计算两个未知样本集的相似度的方法。与欧氏距离不同的是,它考虑到各种特性之间的联系(例如,一条关于身高的信息会带来一条关于体重的信息,因为两者是有关联的)并且是尺度无关的,即独立于测量尺度。具体如下式所示:

$$D(\boldsymbol{X},\boldsymbol{Y}) = \sqrt{(\boldsymbol{X}-\boldsymbol{Y})^{\mathrm{T}}\,\boldsymbol{C}^{-1}(\boldsymbol{X}-\boldsymbol{Y})} \tag{3-10}$$

其中,$\boldsymbol{C}$ 为 $\boldsymbol{X}$、$\boldsymbol{Y}$ 的协方差矩阵,如果协方差矩阵为单位矩阵,那么马氏距离就简化为欧氏距离;如果协方差矩阵为对角阵,则其也可称为正规化的欧氏距离。

(7) 汉明距离

汉明距离可用来测量两个字符串之间的距离。假设两个等长字符串 s1 与 s2,它们之间的汉明距离为:将其中一个变为另一个所需要做的最小字符替换次数。例如,字符串 1011101 和 1001001 之间的汉明距离为 2,而字符串 2173896 和 2233796 之间的汉明距离为 3。

汉明距离在信息论、编码理论、密码学等领域都有应用。比如,在信息编码过程中,为了增强容错性,应使得编码间的最小汉明距离尽可能大。

3.1.2　相关方法概述

近年来,研究者们提出了许多度量学习算法,并且已成功地应用于多种计算机视觉任务,如人脸识别[56,57]、步态识别[58]、人类动作识别[59]、人类年龄估计[60]、人物重新识别[61]等。

大多数现有的度量学习方法只能从单个特征空间中学习马氏距离,而不能直接处理多特征表示。为了解决这个问题,最近提出了几种对不同特征之间的信息共享建模的多任务度量学习方法[62,63]。但是,这些方法尚未很好地利用不同度量间的互补信息。最近有几种多度量学习方法[64,65]被提出,他们首先从每个训练样本/集群中学习一组局部距离度量,然后使用集成学习方法将局部分类器集成到一个概率框架中。

与旨在学习距离度量中利用更多几何信息的现有多度量学习方法不同,我们提出了一种判别性多度量学习方法(DMML),可以同时学习多个距离度量。每个特征描述符用于学习一个距离补充信息,通过更好地描述人脸图像来进行亲属关系识别。我们还提出了一种基于邻域排斥相关度量学习(NRCML)的方法,可以自动识别训练集中最具鉴别能力的负样本来学习距离度量,以便让最具鉴别能力的特征可以通过这些负样本被提取出来利用。

3.2　判别性多度量学习方法

通过研究人员的不断努力,人脸亲属关系识别已经获得了一些令人鼓舞的成果,但仍存在很多问题需要进一步解决,特别是对自然场景采集的人脸图像进行亲属关系识别时。自然场景采集的人脸图像的姿态、光照、表情、年龄等都存在较大差异,增加了人脸亲属关系识别的难度。具体表现如下。

① 由于类内差异(具有亲属关系的人脸图像的差异)通常较大,甚至高于类间差异(不具有亲属关系的人脸图像的差异),亲属关系不能由原始特征空间很好地表示,因此希望学习一个语义空间以更好地表征亲属关系。

② 由于自然场景下采集的人脸图像通常会受到环境、光照、表情、姿态、年龄等多个因素的影响,使得人脸包含的信息多而复杂。可以通过不同的特征描述符从不同方面对人脸图像进行描述,便于提取多个特征以及利用更多的补充信息来提升亲属关系识别的

性能。

针对这一问题，我们提出了一种判别性多度量学习（DMML）方法[66]，此种方法可以同时学习多个距离度量，每个特征描述符用于学习一个距离补充信息，通过更好地描述人脸图像来提升人脸亲属关系识别的性能。

对于每张给定的人脸图像，我们首先使用不同的特征描述符提取多个特征，以从每张人脸图像的不同方面进行表征。然后，同时学习多个距离度量（每个特征一个），在这种距离度量下，每对正样本与最相似的负样本相比，具有更小距离的概率最大。此外，我们期望在学习的距离度量中最大化同一图像的不同特征之间的相关性。为了验证所提出的方法的有效性，我们在 4 个公开的人脸亲属关系数据集上进行了实验。最后，还与人类观察者在识别亲属关系时展现出的能力进行了对比，实验结果表明我们的方法可与人类观察者相媲美。

3.2.1　DMML 方法设计

令 $S = \{(\boldsymbol{x}_i, \boldsymbol{y}_i) \mid i = 1, 2, \cdots, N\}$ 是具有亲属关系的 N 对人脸图像（正样本）的训练集，其中 $\boldsymbol{x}_i$ 和 $\boldsymbol{y}_i$ 分别是第 i 个样本的父例和子例。对于每张人脸图像，假定提取了 K 个不同的特征，并且 $S^k = \{(\boldsymbol{x}_i^k, \boldsymbol{y}_i^k) \mid i = 1, 2, \cdots, N\}$ 是第 k 个特征的表示。大多数以前的度量学习算法同时最小化类间差异和最大化类内差异，而我们的方法使用了不同的方式，旨在从多个特征中学习多个距离度量，使每个正样本对比每个负样本对的间距更小的概率最大化。这样的方法在面对多变的人脸图像时可以具有更强的鲁棒性，并且不容易过拟合。

具体来说，对于第 k 个特征表示空间中的正样本对（$\boldsymbol{x}_i^k$, $\boldsymbol{y}_i^k$），学习距离函数 $g^k(\bullet)$，使得 $g(\boldsymbol{x}_i^k, \boldsymbol{y}_i^k) < g(\boldsymbol{x}_i^k, \boldsymbol{y}_j^k)$ 以及 $g(\boldsymbol{x}_i^k, \boldsymbol{y}_i^k) < g(\boldsymbol{x}_l^k, \boldsymbol{y}_i^k)$，其中 $\boldsymbol{x}_l$ 和 $\boldsymbol{y}_j$ 是除训练集中的第 i 个人外的其他任何人的父母和孩子的图像，$l \leqslant j, l \leqslant N$，并且 $l, j \neq i$。为实现此目的，我们测量一对共享父图像或子图像的正样本对之间距离小于负样本对之间距离的概率，如下所示：

$$P(g(\boldsymbol{x}_i^k, \boldsymbol{y}_i^k) < g(\boldsymbol{x}_i^k, \boldsymbol{y}_j^k)) = (1 + \exp(g(\boldsymbol{x}_i^k, \boldsymbol{y}_i^k) - g(\boldsymbol{x}_i^k, \boldsymbol{y}_j^k)))^{-1} \quad (3\text{-}11)$$

$$P(g(\boldsymbol{x}_i^k, \boldsymbol{y}_i^k) < g(\boldsymbol{x}_l^k, \boldsymbol{y}_i^k)) = (1 + \exp(g(\boldsymbol{x}_i^k, \boldsymbol{y}_i^k) - g(\boldsymbol{x}_l^k, \boldsymbol{y}_i^k)))^{-1} \quad (3\text{-}12)$$

其中，

$$g(\boldsymbol{x}_i^k, \boldsymbol{y}_i^k) = (\boldsymbol{x}_i^k - \boldsymbol{y}_i^k)^{\mathrm{T}} \boldsymbol{M}_k (\boldsymbol{x}_i^k - \boldsymbol{y}_i^k) \quad (3\text{-}13)$$

其中，$\boldsymbol{M}_k$ 是为第 k 个特征表示而学习的半定矩阵。

假设每个正负样本对的距离比较是独立的,即 $g(\boldsymbol{x}_i^k, \boldsymbol{y}_i^k) < g(\boldsymbol{x}_i^k, \boldsymbol{y}_j^k)$ 和 $g(\boldsymbol{x}_i^k, \boldsymbol{y}_i^k) <$ $g(\boldsymbol{x}_l^k, \boldsymbol{y}_i^k)$ 是独立的。基于最大似然原理,将提出的 DMML 方法转化为以下优化约束问题:

$$\min_{\boldsymbol{M}_1, \cdots, \boldsymbol{M}_K, \boldsymbol{\alpha}} J = \sum_{k=1}^K \alpha_k f_k(\boldsymbol{M}_k) + \lambda g_k(\boldsymbol{W}_1, \cdots, \boldsymbol{W}_K)$$

$$\text{s. t.} \sum_{k=1}^K \alpha_k = 1, \quad \alpha_k \geqslant 0 \tag{3-14}$$

其中,

$$f_k(\boldsymbol{M}_k) = -\log\left(\prod_{O_1^k} P(g(\boldsymbol{x}_i^k, \boldsymbol{y}_i^k) < g(\boldsymbol{x}_i^k, \boldsymbol{y}_j^k))\right)$$

$$- \log\left(\prod_{O_2^k} P(g(\boldsymbol{x}_i^k, \boldsymbol{y}_i^k) < g(\boldsymbol{x}_l^k, \boldsymbol{y}_i^k))\right) \tag{3-15}$$

$$g_k(\boldsymbol{W}_1, \cdots, \boldsymbol{W}_K) = \sum_{\substack{k_1, k_2 = 1 \\ k_1 \neq k_2}}^K \sum_{i=1}^N \|\boldsymbol{W}_{k_1}^{\mathrm{T}} \boldsymbol{x}_i^{k_1} - \boldsymbol{W}_{k_2}^{\mathrm{T}} \boldsymbol{x}_i^{k_2}\|_F^2 \tag{3-16}$$

$\boldsymbol{W}_k$ 是从 $\boldsymbol{M}_k$ 分解出来的低维子空间,其中 $\boldsymbol{M}_k = \boldsymbol{W}_k \boldsymbol{W}_k^{\mathrm{T}}$。$O_1^k$ 和 O_2^k 是第 k 个特征表示的成对集合,$\boldsymbol{\alpha} = [\alpha_1, \cdots, \alpha_K]$ 是权重向量,α_K 是第 k 个特征的权重,$\lambda > 0$ 是在两者之间取得平衡的折中参数。

式(3-14)中的第一项是确保正样本对之间的距离小于负样本对之间的距离的可能性尽可能大,以便利用判别信息。式(3-14)中的第二项是确保每个样本的不同特征表示的相关性最大化以提取互补信息。

由于人脸亲属关系识别属于计算机视觉中样本量稀缺的任务,因此大多数传统的度量学习方法都很容易出现由于直接最小化类内距离并同时最大化类间距离而引发过拟合的问题。与这些方法不同,我们的 DMML 在学习距离度量时,要求在该距离度量下,每个正样本对具有比每个负样本对更小距离的概率最大化,从而使其不容易出现过拟合。

另一方面,式(3-14)中第二项的物理含义为旨在学习 K 个低维特征子空间 $\boldsymbol{W}_k(k = 1, 2, \cdots, K)$,在该子空间下相同特征表示的差异样本被尽可能缩小,这与典型关联分析(CCA)的多特征融合方法是一致的[69]。对于基于 CCA 的特征融合,可通过共同学习一个公共子空间来组合不同的特征表示,在该子空间下,同一样本的不同特征表示的相关性将最大化。在我们的模型中,使用同一样本中每对特征描述符的差异而不是相关性来衡量低维子空间中不同特征表示的相似性,易于计算优化过程中的梯度。

据此,式(3-14)可以被改写为:

$$\min_{\pmb{W}_1,\cdots,\pmb{W}_K,\alpha} J = \sum_{k=1}^{K} \alpha_k f_k(\pmb{W}_k) + \lambda \sum_{\substack{k_1,k_2=1 \\ k_1 \neq k_2}}^{K} \sum_{i=1}^{N} \left\| \pmb{W}_{k_1}^{\mathrm{T}} \pmb{x}_i^{k_1} - \pmb{W}_{k_2}^{\mathrm{T}} \pmb{x}_i^{k_2} \right\|_F^2 \qquad (3\text{-}17)$$

其中,

$$f_k(\pmb{W}_k) = \prod_{o_1^k} \log(1 + \exp(\|\pmb{W}_k^{\mathrm{T}} \pmb{x}_{ik}^p\|^2 - \|\pmb{W}_k^{\mathrm{T}} \pmb{x}_{ik}^n\|^2))$$

$$\pmb{x}_{ik}^p = \pmb{x}_i^k - \pmb{y}_i^k, \quad \pmb{x}_{ik}^n = \pmb{x}_i^k - \pmb{y}_j^k \qquad (3\text{-}18)$$

对于式(3-17)中定义的问题,没有封闭形式的解决方案,因为有 K 个矩阵和一个向量要同时优化。在本节中,采用交替优化方法来获得局部最优解。具体来说,首先初始化 $\pmb{W}_1,\cdots,\pmb{W}_{k-1},\pmb{W}_{k+1},\cdots,\pmb{W}_K$ 和 $\pmb{\alpha}$ 并顺序求解 $\pmb{W}_k$。然后,相应地更新 α。

给定 $\pmb{W}_1,\cdots,\pmb{W}_{k-1},\pmb{W}_{k+1},\cdots,\pmb{W}_K$ 和 $\pmb{\alpha}$,式(3-17)可以重写为:

$$\min_{\pmb{W}_k} J(\pmb{W}_k) = \alpha_k f_k(\pmb{W}_k) + \lambda \sum_{l=1,l\neq k}^{K} G(\pmb{W}_k) \qquad (3\text{-}19)$$

其中,

$$G(\pmb{W}_k) = \sum_{i=1}^{N} \left\| \pmb{W}_k^{\mathrm{T}} \pmb{x}_i^k - \pmb{W}_l^{\mathrm{T}} \pmb{x}_i^l \right\|_2^2 \qquad (3\text{-}20)$$

由于式(3-19)不是凸函数,因此获得全局优化解决方案并非易事。为此,我们提出了一种基于梯度的优化方法,如下所示:

$$\frac{\delta f_k(\pmb{W}_k)}{\delta \pmb{W}_k} = \prod_{o_1^k} \frac{2 + \exp(\|\pmb{W}_k^{\mathrm{T}} \pmb{x}_{ik}^p\|^2 - \|\pmb{W}_k^{\mathrm{T}} \pmb{x}_{ik}^n\|^2)}{1 + \exp(\|\pmb{W}_k^{\mathrm{T}} \pmb{x}_{ik}^p\|^2 - \|\pmb{W}_k^{\mathrm{T}} \pmb{x}_{ik}^n\|^2)} \times (\pmb{x}_{ik}^p \pmb{x}_{ik}^{p\mathrm{T}} - \pmb{x}_{ik}^n \pmb{x}_{ik}^{n\mathrm{T}}) \pmb{W}_k$$

$$(3\text{-}21)$$

$$\frac{\delta G(\pmb{W}_k)}{\delta \pmb{W}_k} = 2\lambda(K-1)\pmb{W}_k \sum_{i=1}^{N} (\pmb{x}_i^k)^{\mathrm{T}} \pmb{x}_i^k - 2\lambda \pmb{W}_k \sum_{\substack{l=1 \\ l\neq k}}^{K} \sum_{i=1}^{N} (\pmb{x}_i^l)^{\mathrm{T}} \pmb{x}_i^l \qquad (3\text{-}22)$$

可以使用以下梯度下降方法来更新 $\pmb{W}_k$:

$$\pmb{W}_k^{t+1} = \pmb{W}_k^t - \eta \left(\alpha_k \frac{f_k(\pmb{W}_k)}{\pmb{W}_k} + \lambda \sum_{l=1,l\neq k}^{K} \frac{\delta G(\pmb{W}_k)}{\delta \pmb{W}_k} \right) \qquad (3\text{-}23)$$

其中,$\eta > 0$ 是控制梯度下降速度的步长参数。满足以下条件时,终止迭代:

$$J(\pmb{W}_k^t) - J(\pmb{W}_k^{t+1}) < \varepsilon \text{ 或 } \|\pmb{W}_k^{t+1} - \pmb{W}_k^t\| < \varepsilon \qquad (3\text{-}24)$$

其中,ε 在这项工作中设置为 10^{-3}。

可以通过解决以下优化问题来更新获得 $\pmb{W}_1,\pmb{W}_2,\cdots,\pmb{W}_k$ 和 α:

$$\min_{\alpha} J(\alpha) = \sum_{k=1}^{K} \alpha_k f_k(\pmb{W}_k)$$

$$\text{s. t. } \sum_{k=1}^{K} \alpha_k = 1, \quad \alpha_k > 0 \qquad (3\text{-}25)$$

式(3-25)的解为 $\alpha_k = 1$，对应于不同特征的 $f_k(\boldsymbol{W}_k)$ 为最大值，否则 $\alpha_k = 0$。该解决方案侧重于选择最好的特征，而忽略了利用不同特征的补充信息。为了克服这个限制，将 α_k 重新定义为 α_k^r，其中 $r > 1$，并提出以下替代目标函数：

$$\min_{\boldsymbol{\alpha}} J(\boldsymbol{\alpha}) = \sum_{k=1}^{K} \alpha_k^r f_k(\boldsymbol{W}_k)$$

$$\text{s. t.} \sum_{k=1}^{K} \alpha_k = 1, \quad \alpha_k > 0 \tag{3-26}$$

拉格朗日函数可以构造为：

$$L(\boldsymbol{\alpha}, \boldsymbol{\xi}) = \sum_{k=1}^{K} \alpha_k^r f_k(\boldsymbol{W}_k) - \xi\left(\sum_{k=1}^{K} \alpha_k - 1\right) \tag{3-27}$$

令 $\dfrac{\delta L(\boldsymbol{\alpha}, \boldsymbol{\xi})}{\delta \alpha_k} = 0$ 以及 $\dfrac{\delta L(\boldsymbol{\alpha}, \boldsymbol{\xi})}{\delta \xi} = 0$，可以得到：

$$r\alpha_k^{r-1} f_k(\boldsymbol{W}_k) - \xi = 0 \tag{3-28}$$

$$\sum_{k=1}^{K} \alpha_k - 1 = 0 \tag{3-29}$$

结合式(3-28)和式(3-29)，可以得出 α_k 如下：

$$\alpha_k = \frac{(1/f_k(\boldsymbol{W}_k))^{1/(r-1)}}{\sum\limits_{k=1}^{K} (1/f_k(\boldsymbol{W}_k))^{1/(r-1)}} \tag{3-30}$$

得到 $\boldsymbol{\alpha}$ 之后，可以使用式(3-19)更新 $\boldsymbol{W}_k$。算法 3.1 总结了所提出的 DMML 方法。

算法 3.1　DMML

输入：训练集 $S = \{(\boldsymbol{x}_i, \boldsymbol{y}_i) | i = 1, 2, \cdots, N\}$，迭代数 M 和收敛误差 ε。

输出：映射矩阵 $\boldsymbol{W}_1$，$\boldsymbol{W}_2$，$\cdots$，$\boldsymbol{W}_k$ 和加权向量 $\boldsymbol{\alpha}$。

步骤 1(初始化)：

设置 $\boldsymbol{W}_k^0 = \boldsymbol{I}^{d \times d}$ 且 $\boldsymbol{\alpha} = \left[\dfrac{1}{K}, \cdots, \dfrac{1}{K}\right]$。

步骤 2(局部优化)：

对于 $m = 1, 2, \cdots, M$，重复：

2.1 根据式(3-21)～式(3-23)计算 $\boldsymbol{W}_k^m$。

2.2 根据式(3-30)计算 $\boldsymbol{\alpha}$。

2.3 如果 $m > 2$ 并且满足式(3-24)，请转到步骤 3。

步骤 3(输出映射矩阵)：

输出映射矩阵 $\boldsymbol{W}_k = \boldsymbol{W}_k^m$。

---

(1) 实施细节

我们应用了 3 种不同的特征描述符，包括局部二进制模式(LBP)、空间金字塔学习

（SPLE）和尺度不变特征变换（SIFT），以从每张人脸图像中提取不同的互补信息。虽然有效的特征描述符可以提高识别性能，但本研究的主要目的是评估所提出的 DMML 方法，该方法使用多种特征进行亲属关系识别。

对于每张人脸图像，采用 256 个 bin 提取 LBP 特征。对于 SPLE 特征，首先构建 3 种不同的分辨率，并获得 21 个图像元。然后，将每个单元格中的每个局部特征量化为 200 个 bin，并使用 4 200 维长特征向量表示每张人脸图像。对于 SIFT 特征，首先在每个 16×16 小块上以 8 个像素的网格间隔对每个 SIFT 描述符进行采样。然后，将每个 SIFT 描述符串联到一个长特征向量中。对于这些特征，应用主成分分析（PCA）将每种特征降维到 200 维，同时还可以去除一些噪声成分。

（2）与先前工作的讨论

我们的方法本质上不同于之前提出的多度量学习方法。参考文献[64]中的方法从每个训练示例中学习了一组本地距离度量，并应用集成学习来组合这些本地距离度量。参考文献[65]中的方法将训练数据划分为不相交的簇，并为每个簇学习距离度量，然后将依赖于簇的距离度量用于分类。参考文献[67]和参考文献[68]中的方法学习了多个特定于类别的距离度量以进行识别，从而可以减轻数据异质性。

这些多度量学习方法旨在处理距离度量学习中的非线性特征，没有很好地利用不同距离度量的相互作用。为了解决这一问题，我们的 DMML 方法同时学习多个距离度量，每个特征描述符对应一个距离度量，以利用更多的补充信息更好地描述人脸图像。因此，我们的方法更适合于基于多特征的距离度量学习，是对已有多种度量学习方法的补充。

3.2.2　实验

在本节中，我们在 4 个公开的人脸亲属关系数据集（包括 KinFaceW-I、KinFaceW-II、Cornell KinFace 以及 UB KinFace 数据集）上进行了亲属关系识别实验，以证明我们提出的 DMML 方法的有效性。以下详细介绍实验的设置和结果。

1. 实验设置

在实验中，根据每个数据集提供的人脸眼睛位置，将人脸图像对齐并裁剪为 64×64 像素大小。我们对所选人脸亲属关系数据集进行了 5 次交叉验证实验，这些数据集的每个子集均等地划分为 5 份，每一份包含几乎相同数量的人脸亲属关系图像对。

具体来说，对于这些数据集每一份中的人脸图像，将具有亲属关系的所有人脸图像对作为正样本,将没有亲属关系的人脸图像对作为负样本。因此,正样本是真实的人脸图像对(一张来自父母,另一张来自其子女);负样本是虚假的人脸图像对(一张来自父母,另一张来自非其子女)。通常,正样本的数量远远少于负样本的数量。在我们的实验中,将每个父母的人脸图像与不是他/她的真实孩子的图像随机组合,以构造一个负样本对。同时要求,每对父母和孩子的图像在负样本中都只能出现一次。

由于 KinFaceW-Ⅱ 数据集在 4 个数据集中样本数量最多,为确保参数调整的有效性,首先在此数据集上调整了 DMML 方法的参数。具体操作为,应用 KinFaceW-Ⅱ 数据集的前 3 份样本数据学习 DMML 模型,使用第四份样本数据调整 DMML 的参数,最后一份样本数据用来测试模型的性能。在实现过程中,参数 r 和 λ 分别根据经验设置为 5 和 2。在 DMML 模型确定后,将其用于所有 4 个亲属关系数据集进行亲属关系识别。

由于提出的 DMML 方法只适用于描述人脸图像,相应的特征表示被提取后,还需要选用适合的分类器对其进行分类。这里,我们选用的是带有 RBF 内核的 SVM 分类器进行分类。需要注意的是,其他分类方法,如最近邻(NN)和 K 近邻(KNN)分类器,也适用于我们的亲属关系识别任务。但实验结果表明,SVM 可以获得比其他分类器更好的性能,这将在下一部分中进行介绍。

2. 结果与分析

(1) 与不同的度量学习策略进行比较

首先将我们的方法与其他 3 种不同的度量学习策略进行比较。

① 单度量学习(SML):通过式(3-14)的第一项与每个单一特征表示,一起学习单个距离度量。

② 级联度量学习(CML):首先将不同的特征连接到更长的特征向量中,然后通过使用式(3-14)的第一项与增强的特征表示来学习单个距离度量。

③ 个体度量学习(IML):学习每个特征表示的距离度量,方法是使用式(3-14)的第一项,然后通过使用相等的权重来计算两张人脸图像的相似度。

表 3-1~表 3-4 显示了不同人脸亲属关系数据集上不同度量学习策略的平均识别率。为了进一步研究本节提出的 DMML 方法与其他比较方法之间的性能差异,我们使用基于 Bernoulli 模型[48]的原假设统计检验评估了识别结果,以检查我们方法的结果与其他方法的结果之间是否在统计上存在显著的差异。在每个表中,各种方法识别率后的括号中给出了 p 检验的结果,其中数字"1"表示显著差异,数字"0"表示其他差异。从这些表中可以看出,就平均识别率而言,我们的 DMML 优于其他用于比较的度量学习策略。

表 3-1 不同度量学习策略在 KinFaceW-Ⅰ 数据集上的平均识别率 （％）

方法	FS	FD	MS	MD
SML(LBP)	63.7(1)	64.2(1)	58.4(1)	64.4(1)
SML(SPLE)	63.6(1)	62.6(1)	63.4(1)	70.5(1)
SML(SIFT)	65.5(1)	61.5(1)	63.0(1)	65.5(1)
CML	69.5(1)	65.5(1)	64.5(1)	72.0(0)
IML	70.5(1)	67.5(0)	65.5(1)	72.0(0)
DMML	**74.5**	**69.5**	**69.5**	**75.5**

表 3-2 不同度量学习策略在 KinFaceW-Ⅱ 数据集上的平均识别率 （％）

方法	FS	FD	MS	MD
SML(LBP)	69.0(1)	69.5(1)	69.5(1)	69.0(1)
SML(SPLE)	71.3(1)	72.0(1)	75.5(1)	76.0(1)
SML(SIFT)	69.0(1)	70.5(1)	71.0(1)	71.0(1)
CML	73.5(1)	73.0(1)	76.0(1)	76.5(1)
IML	74.5(1)	74.0(0)	76.5(0)	78.5(0)
DMML	**78.5**	**76.5**	**78.5**	**79.5**

表 3-3 不同度量学习策略在 Cornell KinFace 数据集上的平均识别率 （％）

方法	FS	FD	MS	MD
SML(LBP)	65.5(1)	62.0(1)	73.0(1)	58.0(1)
SML(SPLE)	71.5(1)	65.5(1)	74.0(1)	62.0(1)
SML(SIFT)	64.5(1)	65.5(1)	73.5(1)	61.0(1)
CML	72.0(1)	67.0(1)	74.0(1)	63.0(1)
IML	72.5(1)	67.5(0)	74.5(1)	64.5(1)
DMML	**76.0**	**70.5**	**77.5**	**71.0**

表 3-4 不同度量学习策略在 UB KinFace 数据集上的平均识别率 （％）

方法	子集 1	子集 2
SML(LBP)	60.7(1)	58.8(1)
SML(SPLE)	60.9(1)	61.0(1)
SML(SIFT)	60.5(1)	59.5(1)
CML	65.5(1)	63.5(1)
IML	66.5(1)	65.5(1)
DMML	**74.5**	**70.0**

（2）与不同的多度量学习方法的比较

我们将 DMML 方法与 5 种多度量学习方法进行了比较,包括多特征典型相关分析(MCCA)[69]、多特征边际 Fisher 分析(MMFA)[69]、局部判别距离度量(LDDM)[64]、多流行判别分析(DMMA)[67]和多特征邻域排斥度量学习(MNRML)[8]。由于 LDDM 和 DMMA 最初是为识别任务而开发的,因此我们分别通过修改它们的目标,将它们扩展到我们的亲属关系识别任务中。具体来说,通过 LDDM 和 DMMA 为每个三元组学习一个本地距离度量,该三元组由一个正样本对和一个负样本对组成。然后,按照参考文献[64]中的集成策略将这些本地距离度量结合起来进行验证。表 3-5～表 3-8 显示了这些方法在不同亲属关系数据集上的识别率。可以看出,在平均识别率方面,我们提出的 DMML 总是优于其他比较方法。

表 3-5　不同多度量学习方法在 KinFaceW-Ⅰ 数据集上的平均识别率　　　　（%）

方法	FS	FD	MS	MD
MCCA	69.0(1)	63.5(1)	64.3(1)	70.5(1)
MMFA	70.0(1)	64.0(1)	64.3(1)	70.5(1)
LDDM	72.5(0)	66.0(1)	65.8(1)	71.7(1)
DMMA	70.5(1)	65.5(1)	65.3(1)	70.9(1)
MNRML	72.5(0)	66.5(1)	66.2(1)	72.0(1)
DMML	**74.5**	**69.5**	**69.5**	**75.5**

表 3-6　不同多度量学习方法在 KinFaceW-Ⅱ 数据集上的平均识别率　　　　（%）

方法	FS	FD	MS	MD
MCCA	74.0(1)	72.1(1)	74.8(1)	75.3(1)
MMFA	74.3(1)	72.8(1)	75.5(1)	75.3(1)
LDDM	74.8(1)	73.6(1)	76.5(1)	76.2(1)
DMMA	73.5(1)	72.8(1)	76.0(0)	74.5(1)
MNRML	76.9(0)	74.3(0)	77.4(0)	77.6(0)
DMML	**78.5**	**76.5**	**78.5**	**79.5**

表 3-7　不同多度量学习方法在 Cornell KinFace 数据集上的平均识别率　　　　（%）

方法	FS	FD	MS	MD
MCCA	71.5(1)	65.8(1)	73.5(1)	63.5(1)
MMFA	71.5(1)	66.4(1)	73.5(1)	64.5(1)
LDDM	73.0(1)	66.9(1)	74.5(1)	67.5(1)

方法	FS	FD	MS	MD
DMMA	71.0(1)	65.5(1)	73.0(1)	65.5(1)
MNRML	74.5(0)	68.8(0)	77.2(0)	65.8(1)
DMML	**76.0**	**70.5**	**77.5**	**71.0**

表 3-8　不同多度量学习策略在 UB KinFace 数据集上的平均识别率　　（%）

方法	子集 1	子集 2
SML(LBP)	65.5(1)	64.0(1)
SML(SPLE)	65.0(1)	64.0(1)
SML(SIFT)	66.5(1)	66.0(1)
CML	65.5(1)	63.5(1)
IML	66.5(1)	65.5(1)
DMML	**74.5**	**70.0**

为了更好地可视化我们提出的 DMML 与其他比较的多度量学习方法之间的差异，图 3-2 显示了不同方法的 ROC 曲线。可以看到，我们的 DMML 方法的 ROC 曲线高于其他多度量学习方法的 ROC 曲线，展现了较好的性能。

（3）与不同分类器的比较

我们通过使用不同分类器研究了 DMML 的性能。将 SVM 与另外两个广泛使用的分类器进行了比较，具体包括 NN 和 KNN。对于 KNN，在我们的实验中，参数 K 根据经验设置为 31。表 3-9 列出了当使用不同的分类器进行亲属关系识别时，我们的 DMML 方法的识别率。可以发现，在亲属关系识别任务中，SVM 在识别率方面总是优于 NN 和 KNN。

表 3-9　不同分类器在不同亲属关系数据集上的的识别率　　（%）

方法	KinFaceW-I				KinFaceW-II				Cornell				UB	
	FS	FD	MS	MD	FS	FD	MS	MD	FS	FD	MS	MD	子集 1	子集 2
NN	71.0	67.0	67.0	73.0	74.0	72.5	75.5	77.0	72.5	67.0	74.5	67.0	69.5	67.0
KNN	73.0	67.5	68.0	74.0	76.5	74.5	78.0	78.5	74.5	69.0	76.0	69.0	73.5	68.5
SVM	**74.5**	**69.5**	**69.5**	**75.5**	**78.5**	**76.5**	**78.5**	**79.5**	**76.0**	**70.5**	**77.5**	**71.0**	**74.5**	**70.0**

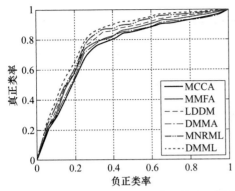

(a) 不同方法在KinFaceW-Ⅰ数据集上的ROC曲线，
图中曲线从上至下依次为DMML、MNRML、
LDDM、MMFA、DMMA、MCCA（横坐标
0.4处）

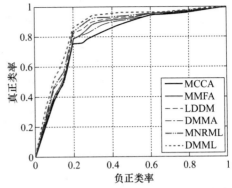

(b) 不同方法在KinFaceW-Ⅱ数据集上的ROC曲线，
图中曲线从上至下依次为DMML、MNRML、
LDDM、MMFA、DMMA、MCCA（横坐标
0.4处）

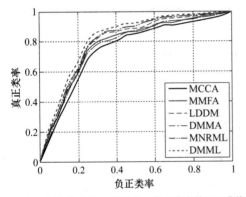

(c) 不同方法在Cornell KinFace数据集上的ROC曲线，
图中曲线从上至下依次为DMML、MNRML、
LDDM、MMFA、DMMA、MCCA（横坐标
0.4处）

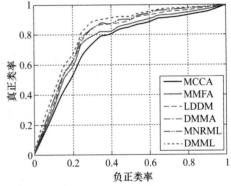

(d) 不同方法在UB KinFace数据集上的ROC曲线，
图中曲线从上至下依次为DMML、MNRML、
LDDM、MMFA、DMMA、MCCA（横坐标
0.4处）

图 3-2　不同多度量学习方法在 4 个数据集上的 ROC 曲线

（4）参数分析

我们评估了 DMML 中参数 r 的影响。图 3-3 绘制了 DMML 的验证准确率与不同数据集上不同 r 数量的关系。可以看到，针对不同的 r 值所绘制的 DMML 验证率曲线变化比较平缓，具有较好的鲁棒性，并且当 r 设为 5 时可以获得最佳性能。

图 3-4 显示了 DMML 的验证率与不同数据集上不同迭代次数的关系。可以看到，所提出的 DMML 方法在短暂的迭代后即可收敛到局部最优值。

图 3-5 显示了 DMML 的验证率与不同数据集上不同特征维数的关系。可以看到，当特征尺寸大于 40 时，我们提出的 DMML 方法即获得了稳定的验证性能。

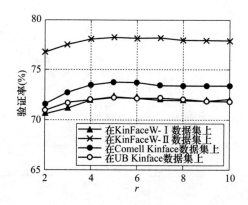

图 3-3　DMML 的验证率与不同亲属数据集上不同 r 的关系

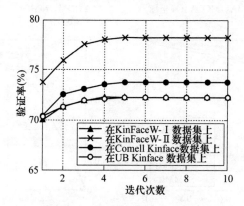

图 3-4　DMML 的验证率与不同亲属关系数据集上不同迭代次数的关系

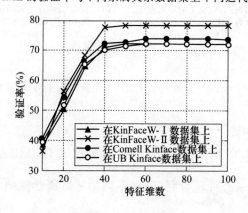

图 3-5　DMML 的验证率与不同亲属关系数据集上不同特征尺寸的关系

（5）计算时间

表 3-10 显示了不同的多度量学习方法在训练和测试（验证）阶段所花费的时间，实验中使用了 24 GHz CPU、6 GB RAM、MATLAB 软件、KinFaceW-I数据集和 SVM 分类器。

从表中可以看出，我们的 DMML 和 MNRML 方法在训练阶段的计算复杂度比其他两种方法要大,因为它们都是迭代方法。但是,DMML 的识别时间与其他多度量学习方法的时间相近。

表 3-10　不同多度量学习方法在 KinFaceW-Ⅰ数据集上的 CPU 时间　　　　　　　s

方法	训练	测试
MCCA	0.05	5.55
MMFA	0.05	5.55
MNRML	25.50	5.55
DMML	**26.50**	**5.55**

（6）与人类观察者在亲属关系识别中的比较

最后,我们测试了人类观察者通过人脸图像进行亲属关系识别的能力。分别从 KinFaceW-Ⅰ和 KinFaceW-Ⅱ数据集 4 个子集中的每一个子集随机选择了 100 对(50 个正样本对和 50 个负样本对)人脸图像样本,并将其提供给 10 位 20～30 岁的人类观察者(包括 5 位男性和 5 位女性)。我们没有培训他们如何通过人脸图像识别亲属关系。

本实验分为两个部分:第一部分,将只包含人脸区域的图像提供给人类观察者(HumanA);第二部分,将整个原始彩色人脸图像(包含背景图像)呈现给人类观察者(HumanB)。因此,HumanA 旨在仅通过图像的人脸部分测试亲属关系识别能力,而 HumanB 旨在通过图像中的多个提示特征(如人脸区域、肤色、头发和背景)测试人类的亲属关系识别能力。HumanA 中提供的人脸图像与本方法中使用的人脸图像相同。

表 3-11 显示了这些观察者的表现。可以清楚地看到,我们所提出的 DMML 方法比 HumanA 拥有更好的识别性能,可以与 HumanB 媲美。

表 3-11　DMML 方法与人类观察者在 KinFaceW-Ⅰ和 KinFaceW-Ⅱ数据集上关于亲属

关系识别能力的比较(平均识别率)　　　　　　　　　　　　　　　　　　（%）

方法	KinFaceW-Ⅰ				KinFaceW-Ⅱ			
	FS	FD	MS	MD	FS	FD	MS	MD
HumanA	61.0	58.0	66.0	70.0	61.0	61.0	69.0	73.0
HumanB	67.0	65.0	75.0	77.0	70.0	68.0	78.0	80.0
DMML	**74.5**	**69.5**	**69.5**	**75.5**	**78.5**	**76.5**	**78.5**	**79.5**

3. 总结

我们从上述实验结果中可以得出以下 3 个观察结果:

（1）SPLE 是根据人脸图像进行亲属关系识别的最佳特征描述符。与其他人工设定的特征表示方法（如 LBP 和 SIFT）不同，SPLE 特征直接从训练样本中学习得到，因此它具有更好的数据自适应性，并且可以实现更高的识别准确率。

（2）DMML 在解决亲属关系识别任务的性能上优于其他作为对比的多度量学习方法。这是因为我们的方法同时学习了多个距离度量，可以很好地利用不同度量间的互补信息。

（3）我们提出的 DMML 方法可以获得与人类观察者相当的亲属关系验证性能，这进一步证明了通过人脸图像分析验证人类亲属关系的可行性以及我们提出的方法在实际应用中的有效性。

3.3　邻域排斥相关度量学习方法

在人脸亲属关系识别任务中，度量学习是一种有效的亲属关系识别技术，近几年来多种度量学习的方法已经被提出并应用到亲属关系识别算法上。例如，Lu 等人提出了一种邻域排斥度量学习（NRML）[8]方法，该方法考虑了不同负样本对亲属关系识别的不同重要性。我们在 3.2 节中提出了一种利用多个特征描述符进行亲属关系识别的判别式多度量学习（DMML）[66]方法。虽然这些方法取得了令人鼓舞的性能，但是多数方法仅利用欧氏距离进行度量学习，还有进一步提升亲属关系识别性能的空间。

基于此种考量，我们提出了一种邻域排斥相关度量学习（NRCML）方法[70]，并将其应用于人脸亲属关系识别任务中。现有的基于度量学习的亲属关系识别方法大多使用的是欧氏距离，它对人脸样本的相似性度量不够强大，尤其当人脸图像采集于自然环境中时。基于相关相似度量比欧氏相似度量能更好地处理人脸变化这一事实，我们提出了一种基于相关相似度量的 NRCML 方法，可以更好地突出人脸图像的亲属关系。在亲属关系识别任务中，由于负样本的数量通常远远大于正样本的数量，因此我们自动识别训练集中最具鉴别能力的负样本来学习距离度量，以便让最具鉴别能力的特征可以通过这些负样本被提取出来进行利用。最后，在两个广泛使用的人脸亲属关系数据集上验证了该方法的有效性。

图 3-6 说明了 NRCML 方法的核心思想。图 3-6（a）中有两组样本，分别表示父母和孩子的人脸图像，分别用大图形（左）和小图形（右）表示。不同人脸图像对用不同的形状表示，如圆形、三角形和正方形。在原始空间中，由于人脸易受到多种因素的影响，如遗

传、年龄、表情、姿态、采集环境等,父母和孩子的人脸图像往往存在较大的差异。因此,在子集合和父集合中,对于每张给定的人脸图像,在相对的父集合和子集合的邻域中可能可以找到多张人脸图像与其进行配对。这些人脸图像构造的负样本对可以用于学习亲属关系识别的判别模型。并且,这些负样本对在模型学习阶段表现出了较高的重要性。

我们的目的就是通过自动识别训练集中最具辨别力的负样本来学习距离度量,这样就可以更好地利用负样本编码的最具鉴别能力的数据,以便可以正确地区分出那些与正样本对更为相似的负样本对。为了实现这一点,我们学习了一个距离度量,在该度量下,正样本对被尽可能地推近,而与正样本对相似的负样本对被尽可能地拉远。图 3-6(b)显示了学习距离度量后的最理想分布,在这种分布下,亲属关系识别可以更容易地执行。

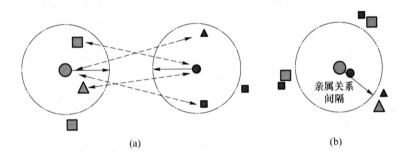

图 3-6　NRCML 方法的核心思想

3.3.1　NRCML 方法设计

令 $X = [x_1, x_2, \cdots, x_n] \in R^{d \times N}$ 为一组训练数据,其中 $x_i \in R^d$ 是第 i 个训练实例,N 代表训练实例的个数,$1 \leqslant i \leqslant N$;马氏度量学习从训练集 X 中学习矩阵 $M \in R^{d \times d}$,其中 x_i 和 x_j 的距离计算如下所示:

$$d_M(x_i, x_j) = \sqrt{(x_i - x_j)^T M (x_i - x_j)} \qquad (3\text{-}31)$$

两个向量 x 和 y 之间的相关相似性度量定义为:

$$\text{Corr}(x, y) = \frac{x^T y}{\|x\| \|y\|} \qquad (3\text{-}32)$$

由于相关相似性度量适合于距离度量学习,两个向量的相关性总是在 -1 到 1 的范围内,这非常适合于测量光照和表情变化较大的人脸图像。

令 $S = \{(x_i, y_i) \mid i = 1, 2, \cdots, N\}$ 为训练集,其中由 N 对具有亲属关系的人脸图像组成,x_i 和 y_i 分别是父母和孩子的特征向量。NRCML 的目标是学习一个距离度量,旨在实现增大正样本对的相似度和减少负样本对的相似度的目标。假设 A 是 NRCML 方法的线性投影，每个人脸图像对的相关相似度可以用下式进行计算：

$$\mathrm{Corr}(\boldsymbol{x},\boldsymbol{y},\boldsymbol{A}) = \frac{(\boldsymbol{Ax})^{\mathrm{T}}(\boldsymbol{Ay})}{\|\boldsymbol{Ax}\| \cdot \|\boldsymbol{Ay}\|} = \frac{\boldsymbol{x}^{\mathrm{T}}\boldsymbol{A}^{\mathrm{T}}\boldsymbol{Ay}}{\sqrt{\boldsymbol{x}^{\mathrm{T}}\boldsymbol{A}^{\mathrm{T}}\boldsymbol{Ax}} \cdot \sqrt{\boldsymbol{y}^{\mathrm{T}}\boldsymbol{A}^{\mathrm{T}}\boldsymbol{Ay}}} \tag{3-33}$$

我们将 NRCML 方法表述为以下优化问题：

$$\min_{\boldsymbol{A}} H(\boldsymbol{A}) = H_1(\boldsymbol{A}) + H_2(\boldsymbol{A}) - H_3(\boldsymbol{A}) + H_4(\boldsymbol{A})$$

$$= \frac{1}{Nk}\sum_{i=1}^{N}\sum_{t_1=1}^{k}\mathrm{Corr}(\boldsymbol{x}_i,\boldsymbol{y}_{i_{t_1}},\boldsymbol{A}) + \frac{1}{Nk}\sum_{i=1}^{N}\sum_{t_2=1}^{k}\mathrm{Corr}(x_{i_{t_2}},\boldsymbol{y}_i,\boldsymbol{A})$$

$$- \frac{1}{N}\sum_{i=1}^{N}\mathrm{Corr}(\boldsymbol{x}_i,\boldsymbol{y}_i,\boldsymbol{A}) + \alpha\|\boldsymbol{A} - \boldsymbol{A}_0\|_2 \tag{3-34}$$

其中，$y_{i_{t_1}}$ 代表 $\boldsymbol{y}_i$ 的第 t_1 个 K 最近邻，而 $x_{i_{t_2}}$ 代表 $\boldsymbol{x}_i$ 的第 t_2 个 K 最近邻。

H_1 是强制性约束，如果 $y_{i_{t_1}}$ 和 $\boldsymbol{y}_i$ 比较接近，那么它们可能会类似地都与 $\boldsymbol{x}_i$ 分离，度量较大。同样，H_2 也是一个强制性约束，如果 $x_{i_{t_2}}$ 和 $\boldsymbol{x}_i$ 比较接近，它们也会类似地与 $\boldsymbol{y}_i$ 分离，度量较大。如果两张人脸图像具有亲属关系，H_3 会尽可能使正样本对更接近，度量尽可能更小。式(3-34)中的 H_4 是一个用于强制学习的投影 $\boldsymbol{A}$ 与预定义的投影 $\boldsymbol{A}_0$ 尽可能接近的正则化模块，α 是用来平衡不同项权重的参数。

由于式(3-34)没有封闭形式的解，可以使用梯度下降法来获得局部最优解。算法3.2 详细介绍了所提出的 NRCML 方法。

算法 3.2　NRCML

输入：训练集 $S = \{(\boldsymbol{x}_i,\boldsymbol{y}_i) \mid i = 1,2,\cdots,N\}$，参数：$K,T$ 和 ε（设为 0.000 1）。

输出：映射矩阵 $\boldsymbol{A}$。

步骤 1(初始化)：

1.1 使用余弦相似度测量确定 $\boldsymbol{x}_i$ 和 $\boldsymbol{y}_i$ 的 K 最近邻

1.2 使用一个合适的随机矩阵初始化 $\boldsymbol{A}$

步骤 2(局部优化)：

对于 $r = 1,2,\cdots,T$，重复：

2.1 计算 $\dfrac{\partial H(\boldsymbol{A})}{\partial \boldsymbol{A}}$

2.2 更新 $\boldsymbol{A}$：$\boldsymbol{A} = \boldsymbol{A} - \mu\dfrac{\partial H(\boldsymbol{A})}{\partial \boldsymbol{A}}$

2.3 如果 $r > 2$ 并且 $|\boldsymbol{A}^r - \boldsymbol{A}^{r-1}| < \varepsilon$，请转到步骤 3。

步骤 3(输出映射矩阵)：

输出映射矩阵 $\boldsymbol{A} = \boldsymbol{A}^r$。

3.3.2 实验和结论

1. 数据集和实验设置

我们使用 KinFaceW-Ⅰ 和 KinFaceW-Ⅱ 数据集来评估我们的模型。对于每张人脸图像,按照参考文献[8]中相同的设置提取了 4 个特征描述符。① LBP[11]:每张人脸图像表示为 4 096 维特征向量。② SIFT[71]:每张人脸图像表示为 6 272 维特征向量。③ LE[8]:每张人脸图像表示为 4 200 维特征向量。④ TPLBP[72]:每张人脸图像表示为 4 096 维特征向量。实验采用了五折交叉验证策略。

2. 结果和分析

(1) 与不同度量学习算法的比较

我们将我们的方法与 CSML[54]、LMNN[73] 和 NRML[8] 方法进行了比较。表 3-12 和表 3-13 显示了不同方法的识别率。可以发现,我们提出的 NRCML 在 KinFaceW-Ⅰ 和 KinFaceW-Ⅱ 数据集上都比对比的度量学习方法具有更好的性能。

表 3-12 不同度量方法在 KinFaceW-Ⅰ 数据集上的识别率 （％）

方法	特征	FS	FD	MS	MD	均值
CSML	LBP	63.7	61.2	55.4	62.4	60.7
	LE	61.1	58.1	60.9	70.0	62.5
	SIFT	66.5	60.0	60.0	56.4	59.8
	TPLBP	57.3	61.5	63.2	57.0	59.7
LMNN	LBP	62.7	63.2	57.4	63.4	61.7
	LE	63.1	58.1	62.9	70.0	63.3
	SIFT	69.5	63.0	63.0	59.4	62.8
	TPLBP	57.3	61.5	63.2	57.0	59.7
NRML	LBP	64.7	65.2	59.4	65.4	63.7
	LE	64.1	59.1	63.9	71.0	64.3
	SIFT	70.5	64.0	64.0	60.4	63.8
	TPLBP	59.3	63.5	65.2	60.0	62.9
NRCML	**LBP**	**66.7**	**67.2**	**61.4**	**67.4**	**65.7**
	LE	**66.1**	**61.1**	**66.9**	**73.0**	**66.3**
	SIFT	**72.5**	**66.0**	**66.0**	**62.4**	**65.8**
	TPLBP	**61.3**	**65.5**	**67.2**	**62.0**	**64.9**

表 3-13　不同度量方法在 KinFaceW-Ⅱ 数据集上的识别率　　　　　　　　　　（%）

方法	特征	FS	FD	MS	MD	均值
CSML	LBP	66.0	65.5	64.8	65.0	65.3
	LE	71.8	68.1	73.8	74.0	71.9
	SIFT	62.0	58.9	56.8	57.4	58.8
	TPLBP	66.4	62.6	63.8	64.9	64.2
LMNN	LBP	68.0	68.5	68.8	67.0	68.2
	LE	74.8	71.1	75.8	76.0	74.5
	SIFT	65.0	57.9	58.8	59.4	60.4
	TPLBP	68.4	65.6	65.8	67.9	68.1
NRML	LBP	69.0	69.5	69.8	69.0	69.5
	LE	76.8	73.1	76.8	77.0	75.7
	SIFT	68.0	60.9	60.8	61.4	62.8
	TPLBP	70.4	67.6	67.8	69.9	70.1
NRCML	**LBP**	**72.0**	**72.5**	**72.8**	**72.0**	**72.5**
	LE	**79.8**	**76.1**	**79.8**	**80.0**	**78.7**
	SIFT	**71.0**	**63.9**	**63.8**	**64.4**	**65.8**
	TPLBP	**73.4**	**70.6**	**70.8**	**69.9**	**73.1**

（2）不同分类器的比较

除 SVM 外，我们还与另外两种分类器进行了比较，包括最近邻（NN）和 K 最近邻（KNN）。KNN 中的参数 K 设为 11。表 3-14 和表 3-15 分别显示了在 KinFaceW-Ⅰ 和 KinFaceW-Ⅱ 数据集上使用不同分类器的 NRCML 的平均识别率。从表中可以看出，我们所提出的方法在使用各种分类器时性能都是稳定的。

表 3-14　我们的方法在 KinFaceW-Ⅰ 数据集上使用不同分类器时的识别率　　　　（%）

特征	SVM	NN	KNN
LBP	65.7	64.6	65.2
LE	66.3	65.2	65.5
SIFT	65.8	64.6	65.1
TPLBP	64.9	64.3	63.8

表 3-15　我们的方法在 KinFaceW-Ⅱ 数据集上使用不同分类器时的识别率 （%）

特征	SVM	NN	KNN
LBP	72.5	71.8	72.0
LE	78.7	77.6	77.9
SIFT	65.8	64.6	65.3
TPLBP	73.1	72.5	72.9

（3）收敛性分析

我们评估了所提出算法 NRCML 的收敛性能。图 3-7 显示了选用 LBP 特征描述符进行特征提取时，NRCML 的平均识别率与不同迭代次数的对比情况。可以看出，我们提出的 NRCML 在几次迭代中就实现了稳定的性能。

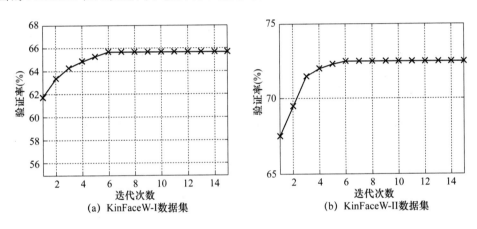

(a) KinFaceW-I数据集　　(b) KinFaceW-II数据集

图 3-7　NRCML 在 KinFaceW-Ⅰ 和 KinFaceW-Ⅱ 数据集上不同迭代次数的识别率

（4）结论

我们提出了一种邻域排斥相关度量学习（NRCML）方法用于人脸亲属关系识别。基于相关相似度量比欧氏相似度量能更好地处理人脸变化这一事实，我们提出了基于相关相似度量的 NRCML 方法，它能更好地突出人脸图像的亲属关系特征。由于在人脸亲属关系识别任务中，负样本的数量通常远远大于正样本的数量，因此我们提出通过自动识别训练集中最具鉴别能力的负样本来学习距离度量，以便让最具鉴别能力的特征可以通过这些负样本被提取出来进行利用。实验结果表明，本书提出的方法取得了良好的性能。

小　结

　　本章介绍了基于度量学习的人脸亲属关系识别，主要包括相关基础知识和方法的介绍，具体为几种常用的标准距离度量的介绍，还有近几年内提出的性能较好的用于人脸亲属关系识别的度量学习方法。接着，本章还介绍了我们提出的两种度量学习新方法，分别为基于判别性多度量学习的人脸亲属关系识别，以及基于邻域排斥相关度量学习的人脸亲属关系识别。在公开的亲属关系数据集上的实验结果验证了我们所提出方法的有效性。

第 4 章
基于深度学习的人脸亲属关系识别

4.1 概　　述

在本书的绪论部分,我们在介绍国内外研究现状时提到,最早应用计算机技术研究人脸亲属关系识别并有学术成果产出的为 Fang 等人[3]在 2010 年国际会议 ICIP 上发表的一篇学术论文。由此开始,人脸亲属关系识别成为机器学习领域的一个研究热点,至今已过去了 10 年的时间。在这 10 年的时间里,从我们熟知的表示学习、度量学习,再到现在非常流行的深度学习[74,75],相继被用到了人脸亲属关系识别的领域中,并取得了较好的效果。

笔者从 2015 年发表的一篇关于人脸亲属关系识别的学术论文开始,在这一领域已经研究了将近 7 年。所做的研究也是先从表示学习、度量学习这一类机器学习方法开始,慢慢到现在将研究重点逐渐调整为深度学习与强化学习。这是因为在不断的研究过程中,我们发现深度学习及强化学习在人脸亲属关系识别领域取得了更为满意的性能,同时也让"机器"变得更有学习的能力。因此,本章与第 5 章将分别简要介绍深度学习和强化学习的相关内容,既可以作为这方面的知识储备,也便于相关章节的理解。

4.1.1　相关知识概述

1. 深度学习概述

深度学习起源于人工神经网络,由 Hinton 等人于 2006 年提出,通过组合低层特征形成更加抽象的高层特征,以便从大量的输入数据中学习有效特征表示,并把这些特征用于分类、回归和信息检索等应用。

深度学习的提出使得机器学习更接近其最初的目标——让机器具有自己学习的能力。深度学习通过学习样本数据的内在规律和表示层次,将学习过程中获得的信息用于对诸如文字、图像和声音等数据的解释方面,期望机器能够像人一样具有分析学习能力,能够识别文字、图像和声音等数据。

如其他优秀算法的提出过程一样,在深度学习被正式提出之前,也是经过了几次峰谷,经过众多学者和研究人员的不断努力,才有了今天的成就。

1943 年,美国心理学家麦卡洛克和数学家皮茨提出模拟人类神经元网络进行信息处理的数学模型 MP。MP 模型模仿神经元的结构和工作原理,构造出一个基于神经网络的数学模型,该模型本质上是一种"模拟人类大脑"的神经元模型。MP 模型作为人工神经网络的起源,开创了人工神经网络的新时代,也奠定了神经网络模型的基础。

在 MP 模型和海布学习规则的研究基础上,美国科学家罗森布拉特发现了一种类似于人类学习过程的学习算法——感知机学习,并于 1958 年正式提出了"感知器"(由两层神经元组成的神经网络)。感知器本质上是一种线性模型,可以对输入的训练集数据进行二分类,并且能够在训练集中自动更新权值。感知器的提出吸引了大量科学家对人工神经网络进行研究,对神经网络的发展具有里程碑式的意义。

1960 年,感知器被证明最终收敛,理论与实践双方面的成果引起了神经网络研究的第一次浪潮。

1969 年,美国数学家及人工智能先驱明斯基和派珀特,在其著作中证明了感知器本质上是一种线性模型,只能处理线性分类任务,无法解决最简单的异或(XOR)问题。由于感知器的线性不可分问题,神经网络的研究也陷入了 10 余年的停滞。

1986 年,辛顿等人发明了适用于多层感知器(Multi-Layer Perceptron,MLP)和误差反向传播(Back Propagation,BP)的算法,并采用 Sigmoid 函数进行非线性映射,有效地解决了非线性分类和学习的问题。

1991 年,BP 算法被指出存在梯度消失问题,这使得 BP 算法的发展受到了很大的限制。

1995 年,支持向量机(SVM)被提出,它是一种二分类模型,其基本模型定义为特征空间上的间隔最大的线性分类器,最终可转化为一个凸二次规划问题的求解。SVM 利用内积核函数代替向高维空间的非线性映射,在分类、回归问题上均取得了很好的效果。由于 SVM 的原理明显不同于神经网络模型,导致人工神经网络的发展再次进入了瓶颈期。

2006 年,辛顿和他的学生一起正式提出了深度学习的概念。他们在世界顶级学术期刊 *Science* 发表的一篇文章中详细地给出了"梯度消失"问题的解决方案——通过无监督的学习方法逐层训练算法,再使用有监督的反向传播算法进行调优。深度学习方法的提出,在学术圈引起了巨大的反响,并迅速蔓延到工业界中。

至此,深度学习进入到了发展及爆发期。

2011 年,ReLU 激活函数被提出,该激活函数能够有效地抑制梯度消失问题。

同年,微软首次将深度学习应用在语音识别上,取得了重大突破。微软研究院和 Google 的语音识别研究人员先后采用深度神经网络技术降低语音识别错误率 20%~30%,是语音识别领域十多年来最大的突破性进展。

2012 年,在著名的 ImageNet 图像识别大赛中,辛顿带领的小组采用深度学习模型 AlexNet 一举夺冠。AlexNet 采用 ReLU 激活函数,从根本上解决了梯度消失问题,并采用 GPU 极大地提高了模型的运算速度。

同年,由斯坦福大学著名的吴恩达教授和世界顶尖计算机专家迪恩共同主导的深度神经网络——DNN 技术在图像识别领域取得了惊人的成绩,在 ImageNet 评测中成功地把错误率从 26% 降低到了 15%。深度学习算法在世界大赛中脱颖而出,也再一次吸引了学术界和工业界对于深度学习领域的关注。

2014 年,Facebook 基于深度学习技术的 DeepFace 项目,在人脸识别方面的准确率已经能达到 97% 以上,跟人类识别的准确率几乎没有差别。这样的结果也再一次证明了深度学习算法在图像识别方面的领先地位。

2016 年 3 月,由谷歌旗下 DeepMind 公司开发的 AlphaGo 与围棋世界冠军、职业九段棋手李世石进行围棋人机大战,以 4∶1 的总比分获胜。2017 年 5 月,升级版的 AlphaGo Master 与人类世界实时排名第一的棋手柯洁对决,最终连胜三局。然而短短 40 天的时间后,更新一代的 AlphaGo Zero 以 100∶0 的成绩完胜前代 AlphaGo 版本。

AlphaGo Zero 起步的时候完全不懂围棋。但是随着学习的深入,进步飞快。3 天超过打败李世石的 AlphaGO Lee,21 天超过打败柯洁的 AlphaGo Master。自学 40 天之后就超过了所有其他的 AlphaGo 版本。

也正是通过这次事情,人工智能、深度学习、强化学习、深度强化学习等词语开始被人们熟知,并且逐渐应用到各个领域,相应的技术也开始进入了快速发展的阶段。

2. 人工神经网络

人工神经网络(Artificial Neural Networks,ANNs),也简称为神经网络(NNs)或称作连

接模型（Connection Model），它是一种模仿动物神经网络行为特征，进行分布式并行信息处理的算法数学模型，是深度学习提出的基础。为更好地理解深度学习的相关技术，了解深度学习与传统人工神经网络的区别之处，在本节我们将简要介绍一下人工神经网络的相关知识。

神经元的生物结构图如图 4-1 所示，两个神经元进行交互时，主要依靠树突、胞体和轴突的相互配合。树突负责输入，输入可能是来自感觉神经细胞的感觉输入，也可能是来自其他神经细胞的"计算"输入。单个细胞可以有多达 10 万输入（每个来自不同的细胞）。胞体负责计算，收集所有树突的输入，并基于这些信号决定是否激活输出（脉冲）。轴突负责输出，一旦胞体决定是否激活输出信号（也就是激活细胞），轴突负责传输信号，通过末端的树状结构将信号以脉冲连接传递给下一层神经元的树突。

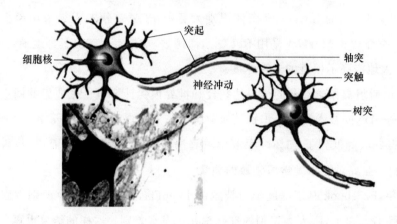

图 4-1　神经元的生物结构图

为模仿动物神经网络行为特征，人工神经网络依靠系统的复杂程度，通过调整内部大量节点（神经元）之间相互连接的权重，从而达到处理信息的目的。人工神经网络结构图如图 4-2 所示，这些神经元分为 3 种层次，包括输入层、隐藏层和输出层。

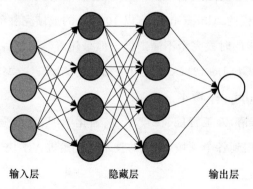

图 4-2　人工神经网络结构图

输入层负责接收输入数据,每个神经元接受一组输入,可以直接来自外部输入,也可以来自网络中前一层的神经元。隐藏层负责对前一层的输入进行数学运算,"累加"输入后,非线性地决定是否激活神经元。创建神经网络的一大难点便是决定隐藏层的层数,以及每层中神经元的个数。输出层负责输出数据,将激活信号传递至网络中下一层的神经元。

每两个神经元之间的连接,都对应着一个权重。该权重决定了输入值的重要程度,相当于神经网络的记忆。在训练的过程中,可以进行动态调整。每个神经元都有一个激活函数,用于决定这个神经元是否参与本次的任务。

3. 卷积神经网络

卷积神经网络[76](Convolutional Neural Networks,CNNs,ConvNets)与普通神经网络非常相似,它们都由具有可学习的权重和偏置常量的神经元组成。每个神经元都接收一些输入,随后做一系列点积计算,输出是每个分类的分数。普通神经网络里的一些计算技巧到这里依旧适用。

与普通神经网络的不同之处在于,卷积神经网络的默认输入是图像,可以把特定的性质编入网络结构,使前馈函数更加有效率,并减少了大量参数。而对于人脸亲属关系识别问题,其主要研究对象为人脸图像对,非常适合采用卷积神经网络对其进行研究。

卷积神经网络的经典构架主要由输入层、卷积层、激活函数、池化层、全连接层和输出层组成,它可以通过多个卷积层和池化层的非线性特征提取阶段来获得图像的高层次特征,最后对图像特征进行分类,可以很好地完成图像识别功能。深度学习基本结构图如图 4-3 所示。

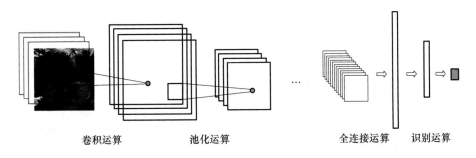

卷积运算　　　　　池化运算　　　　　　　全连接运算　　识别运算

图 4-3　深度学习基本结构图

（1）卷积层

卷积层（Convolutional Layer）是卷积神经网络的核心，卷积神经网络中每层卷积层由若干卷积单元组成，每个卷积单元的参数通过反向传播算法优化得到，用于执行对图像的卷积操作。具体来说，对图像和滤波矩阵做内积（逐个元素相乘再求和）的操作就是卷积操作，也是卷积神经网络的名字来源。

卷积运算的目的是提取输入的不同特征，第一层卷积层可能只能提取一些低级的特征，如边缘、线条、边角等，更多层的网络能从低级特征中迭代提取更复杂的特征。比如，对于人脸图像来说，卷积运算首先构建出边缘、线条等低级特征，随着网络层数的逐渐加深，再构建出可用于表示眼睛、鼻子、嘴巴等的中级特征，最后慢慢构建出可表示整张人脸的特征。

（2）激活函数

在神经网络中的每个神经元节点接受上一层神经元的输出值作为本神经元的输入值，并将输入值传递给下一层。在卷积层输出特征之后需要用激活函数（Activate Function）处理，它能很好地引入非线性环节，保留神经网络的映射特征。激活函数的作用是加强特征图的特征分类，使特征部分输出值尽可能大，非特征部分尽可能减小。激活函数种类很多，最常用的为 ReLU 函数。

ReLU 函数的图像如图 4-4 所示。

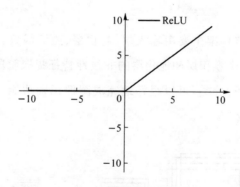

图 4-4　ReLU 函数的图像

（3）池化层

池化层（Pooling Layer）又称为下采样层（Down Pooling），通常在卷积层后，输入为上一卷积层的输出。由于卷积层通常会得到维度很大的特征，池化层主要用于特征降维，压缩数据和参数的数量。不但可以在一定程度上防止过拟合，还可以提高模型的容错性。

池化层的操作与卷积层相似,首先需要将特征切成几个区域,接着可以取其最大值或平均值,得到新的、维度较小的特征,称为最大池化(Max Pooling)或平均池化(Mean Pooling)。最大池化有助于提取特征纹理,平均池化有助于保留背景信息。具体操作如图 4-5 所示。

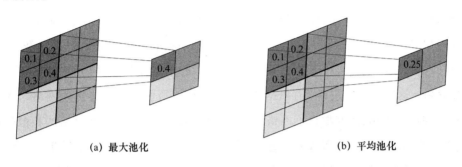

(a) 最大池化　　　　　　　　　　　　　　(b) 平均池化

图 4-5　池化操作示意图

总而言之,池化层的主要目的就是在卷积层提取特征后对特征图的区域向下采样,进一步完成重要特征的提取,实现对特征图的压缩和降维。这不但可以减小来自上层隐藏层的计算复杂度,而且由于池化单元具有不变性,即使图像有小的位移、缩放、扭曲等,提取到的特征依然会保持不变,减小了相对位置的影响。除此以外,池化层不需要经过反向传播的修改,降低了操作的难度。

(4) 全连接层

全连接层(Fully Connected Layer)也被称为多层感知机,将通过卷积层、激活函数和池化层后得到的所有局部特征结合变成全局特征,并将输出值送给分类器(如 Softmax 分类器),用来计算最后每一类的得分。

如图 4-6 所示,在卷积层之后进行了池化操作,池化层得到 30 个 12×12 的特征图,通过全连接层之后,得到了 1×100 的向量。全连接层可以把一个二维特征图转化为一

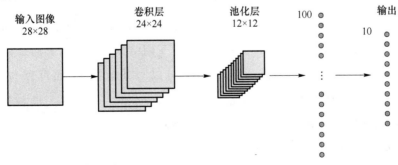

图 4-6　全连接层操作示例

个一维的特征向量。

4.1.2 相关方法概述

深度学习在人脸识别方面已经得到了广泛的应用,考虑到人脸识别与人脸亲属关系识别之间的相似性,以及深度学习在人脸亲属关系识别领域取得的研究成果[77,78],我们相信,随着研究人员在这一领域的不断努力,深度学习在人脸亲属关系识别方面会取得更多更好的研究成果。这样的说法并非没有依据。Zhang 等人[74]所做的工作将深度网络与人脸亲属关系识别进行了结合,并取得了不错的效果。他们设计了与 AlexNet 结构相似的神经网络,将两张图片进行堆叠形成 6 通道数据输入网络,输出二分类识别结果。受限于数据集的大小,网络无法设计得太深。文章中所使用的网络虽然简单但是效果不错。

Li 等人[79]进一步提出了一种基于图的神经网络图方法,集中讨论了如何通过比较和融合配对样本的两个提取特征推断遗传关系。该方法假设人们在考虑亲属关系时,首先会比较两个人的遗传相关属性,如颧骨形状、眼睛颜色或鼻子大小,然后根据这些比较结果做出综合判断。该方法为两个特征构建了一个称为亲属关系图的星形图,以执行关系推理,其中每个外围节点都对应特征的一维建模,而中心节点则用作沟通的桥梁。该方法进一步在图上提出了一个基于图的亲属推理(GKR)网络,以有效利用提取特征的隐性亲属关系。

我们调研了其他网络结构作为参考。

Siamese 网络是深度网络中的一个经典模型,将两张图片分别输入同一个网络,对最终得到的特征进行距离评估。Siamese 网络主要适用于类别多、单类别样本少的情况,它可以在我们对网络进行提高和完善的过程中起到启发性的作用[80],已有研究将其用于人脸亲属关系识别任务中[81,82]。

ResNet 的网络结构同样值得我们研究。之前提到受限于大部分数据集的规模,网络无法做到很深,因而无法采用 ResNet 这种专注于网络深度的结构。但是在我们设计网络的过程中,Resnet 采取的 Residual Block 可以与其他技术,如可以与 Attention Module 进行很好的结合[83]。另外,如果我们可以创建一个足够大的数据集,采取 ResNet 的结构来拓展网络深度也是一种不错的选择。

除此以外,传统机器学习方法得到的部分结论,以及总结的人脸亲属关系识别中需要解决的问题,在深度学习相关方法研究中也同样适用。为了提升算法的识别性能,我们在本章提出了基于局部注意力网络的人脸亲属关系识别,以及基于多尺度深层关系推理方法的人脸亲属关系识别。

4.2　局部特征注意力方法

亲属关系识别问题实际上是一种特殊的图片识别问题,它的特殊性表现在样本的成对性。我们最初和最直接的想法是从特征出发,尽可能挖掘出可以更好地区分亲属关系的人脸特征。而这类特征往往较难挖掘,相比一般的图像识别问题,它面临更多的干扰因素。具有亲属关系的人脸图像对之间往往存在很多差异,例如不同的年龄,或者不同的性别,这些因素都会影响到图像对之间相似性的捕捉。依据现有的研究成果以及实验验证,我们将局部特征作为了捕捉亲属之间相似性的重点。

生活中我们常会说一家人眼睛很像,或者鼻子很像,这都是局部特征相似性的一种体现。生物学家和心理学家的研究也表明了,相对于整个人脸区域,两个具有血缘关系的人通常在人脸局部器官上具有更明显的相似性。因此,在我们的方法中,使用局部区域作为验证亲属关系的重要依据。

注意力机制可用于增强局部区域特征的重要性。Wang 等人[84]将注意力机制和残差学习组合使该技术可以应用于更深的网络。该方法主要有三点贡献:① 堆叠的网络结构。该方法的注意力网络是通过堆叠多个注意力模块而构建的,堆叠结构是混合注意力机制的基本应用。因此,可以用不同的注意力模块捕获不同类型的注意力特征。② 注意力残差学习。由于直接堆叠注意力模块会导致明显的性能下降,因此该方法提出了注意力残差学习机制,以优化具有数百层的非常深的残差注意力网络。③ 自下而上、自上而下的前馈注意力。自下而上、自上而下的前馈结构已成功地应用于人体姿态估计[85]和图像分割[86,87]。此方法将这种结构用作"注意力模块"的一部分,以对要素添加软权重。这种结构可以在单个前馈过程中模仿自下而上的快速前馈过程和自上而下的注意力反馈,能够开发出具有自上而下的注意力的端到端可训练网络。在这项工作中,自下而上、自上而下的结构的目的是引导特征学习。受到该工作的启发,我们将注意力机制用于局部区域特征的关注和引导上。

在目前的研究中,深度网络已经广泛地应用在图像识别领域,并展现出优秀的性能。我们使用深度网络作为方法的基本框架,设计了一种局部特征注意力模块,插入网络中用于增强当前特征层的局部信息。为了进一步提升性能,我们提出了一种数据预处理的方式,可以引导网络将注意力集中在所需的区域[88]。

所提出方法的整体流程图如图 4-7 所示。从图中可以看出,流程分为三个部分,第一部分通过添加遮盖进行数据增强,第二部分通过注意力网络进行特征提取,第三部分负责分类和反馈。

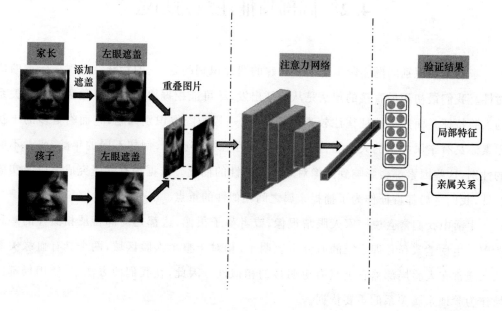

图 4-7　局部特征注意力方法整体流程图

本节局部特征注意力方法的贡献主要包括以下几点。

① 使用深度神经网络的方式解决人脸亲属关系识别问题,提出了一种完整的网络结构。

② 设计了一种可以即插即用的网络注意力模块,用于增强网络中特征层的局部信息。

③ 提出了一种可以引导注意力模块学习的数据预处理方式,将网络的注意力集中在所需要的区域。

实验结果验证了我们所提出方法的有效性,其优于大多数对比方法。

4.2.1　方法介绍

1. 网络整体框架

网络的整体结构如图 4-8 所示。首先,我们将一对具有亲属关系的人脸图片堆叠在一起,作为网络的数据输入。其中每张人脸图片为 3 通道的 64×64 的数据,堆叠后可以得到一个 6 通道的 64×64 的数据,作为网络的输入。

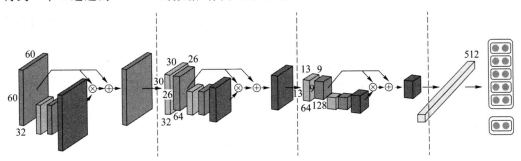

图 4-8　亲属关系识别网络整体结构图

网络的主干结构包括三个卷积层和两个池化层,每个卷积层之后进行一个 Batch Normalization 操作,并连接一个 ReLU 激活函数。卷积层所使用的卷积核大小为 5×5,第一个卷积层拥有 32 个卷积核,将数据大小从 6×64×64 处理到 32×60×60。接下来通过一个最大池化层,将数据尺寸处理到 32×30×30。第二个卷积层拥有 64 个卷积核,数据被处理到 64×26×26,然后再被一个最大池化层缩减到 64×13×13。最后一个卷积层拥有 128 个卷积核,得到的数据大小为 128×9×9。我们将这样的数据送入一个全连接层,将它映射到一个大小为 512 的特征空间。最终,再从这个特征空间映射到最终输出的二分类结果。

当然,这只是网络的主体部分,我们还在每个卷积层之后添加了注意力模块,并在输出的地方额外用 5 组二分类结果来表征局部特征。具体内容会在后面的章节详细叙述。

2. 残差模块

具有基本结构的深度网络只是亲属关系识别问题的一种基本解决方法,所得到的性能仍有很大的提升空间。由于图像的局部特征相比起整体包含更多更重要的亲属信息,为了更好地利用人脸图像中的局部特征,我们设计了一种"注意力模块"。它可以插入网络中任意部分,起到放大局部特征的作用。完整的注意力模块主要分为两部分,注意力模块(Attention Module)和残差结构(Residual Structure)。接下来将分别详细介绍一下这两部分。

(1)注意力模块

注意力模块结构图如图 4-9 所示。它的核心是一个 Max-pooling 层和一个 Up Sampling 层,其余卷积层起连接作用。Max-pooling 层将特征图尺寸缩小,使得具有较大特征值的区域趋于集中。之后再通过 Up Sampling 层将特征图放大回原有尺寸,这样特征仍表现出一定的集中性,达到我们所期望的放大局部特征的作用。最后我们使用一个 Sigmoid 层,将特征图中的每个值处理到 0 到 1 之间,并将它与输入 $C(x)$ 相乘,得到处理后的特征图 $F(x)$。

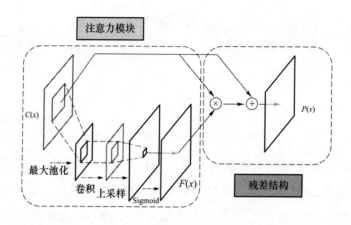

图 4-9 注意力模块结构图

（2）残差结构

残差结构的作用同样关键。由于通过注意力模块得到的特征图 $F(x)$ 的值处于 0 到 1 之间,与这样的特征图相乘是一个信息减少的过程。如果在网络中添加多个注意力模块,最后所得到的特征值可能会越来越小,直到衰减到一个难以分类的值。为了保证网络结构在增强局部特征的同时,也不丢失原有的信息,达到一个信息上只增强不减少的效果,我们在这里使用一个残差模块来保护原有的信息量。

不使用残差结构时,注意力模块的输出公式为:

$$P(x) = C(x)F(x) \tag{4-1}$$

其中,$C(x)$ 为注意力模块的输入,$F(x)$ 为值在 0 到 1 之间的特征图。

显而易见,$P(x)$ 将小于 $C(x)$。如果堆叠多个注意力模块,将会丢失大量原始信息。

使用残差结构后,输出公式为:

$$P(x) = C(x)(1 + F(x)) \tag{4-2}$$

可以看到,最终输出 $P(x)$ 没有失去输入 $C(x)$ 的任何信息,只是在此之上追加了 $F(x)C(x)$ 的特征图信息。

为了展现注意力模块的效果,我们取出了一部分网络中的数据,将其转化为热图,具体如图 4-10 所示。

图中分别展示了原始数据经过一层注意力模块和两层注意力模块后得到的特征图的热图。可以看到,代表较高特征值的亮色部分,主要集中在了人脸的五官区域。随着所叠加注意力模块数量的增加,这种集中性体现得越发明显。

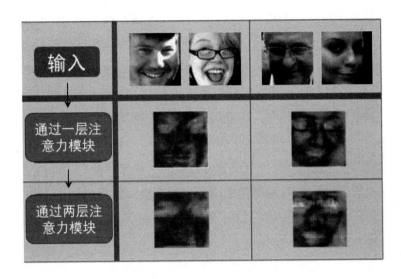

图 4-10　通过注意力模块后的数据热图

3. 对注意力网络进行指引

虽然图 4-10 向我们展示了加入注意力模块后的效果,但网络并不会主动选择注意力集中的区域,它容易将注意力集中在我们并不需要的区域,如颜色值较高的背景或头发。即便只是针对人脸区域,不同的部分也体现了不同的重要性。例如,眼镜一类的装饰或者雀斑等特征在人脸亲属关系识别中的意义就不大。我们希望所设计的网络结构能将注意力集中在更能体现血缘相似性的位置,如五官。

为了实现这一目的,可以在数据处理上进行一些操作,从而在网络训练过程中人为地对网络进行指引。这种指引可以通过简单的蒙版来实现。

我们先利用 MFCNN 标记了人脸的 5 个关键点:左眼、右眼、鼻子、左嘴角和右嘴角。然后,随机地对其中一个位置进行遮盖。这张被遮盖的图片与原始图片同时送入网络中进行学习。这种遮盖行为就是为了指引网络将注意力集中在被遮盖的位置。操作过程如图 4-11 所示。

图 4-11　对人脸区域的 5 个特征点进行随机遮盖

从图 4-11 中可以看到,MFCNN 的方法精确地定位了人脸区域的 5 个特征点,接下来在左眼的位置添加一个灰色的色块,使其可以遮盖住眼睛部分。但这样的操作会削减一部分图片的原有信息,并且仅仅添加遮盖色块也起不到很好的指引作用。因此,在生成带有遮盖图片的同时,我们保留了原有图片,将其共同作为网络的训练集。这样,所得到的样本集不但不会丢失图片的原有信息,它的数量还扩增了 1 倍。但仍无法起到一个位置的指引性作用。因此,我们需要在网络的输出位置进行一些相应的改动。

我们的网络除了生成用于人脸亲属关系识别的二分类结果外,还额外生成了 5 组二分类结果。这 5 组二分类结果,分别用来记录人脸区域中 5 个点的遮盖情况。网络在学习亲属关系分类的同时,还需要学习如何判断这 5 个特征点是否被遮盖,这也让网络自然而然地将注意力放在了 5 个特征点上。

为了同时保证两种不同目标的实现,包括亲属关系识别以及特征点遮盖判断,需要设定适用的损失函数,对这两个结果分别计算损失,并加权后反馈给网络。损失函数的加权计算如下:

$$\text{Loss} = \text{Loss}_{lp} + \lambda \times \text{Loss}_{ks} \tag{4-3}$$

其中,Loss_{lp} 为遮盖情况计算出的损失,Loss_{ks} 为亲属关系验证结果计算出的损失。λ 为一个大于 1 的参数,可以保证将亲属关系识别结果视为更重要的项,遮盖情况只是一种对注意力网络的辅助。

在实验中所使用的损失函数为交叉熵损失函数,公式如下:

$$\text{Loss}(x, \text{class}) = -x[\text{class}] + \log \Big[\sum_{j} \exp(x[j]) \Big] \tag{4-4}$$

4. 多输入注意力网络

在上一步的方法中,我们通过随机生成遮盖对局部特征注意力网络进行了指引。可以看到,在标注的 5 个人脸区域特征点中,除了添加遮盖的一组外,仍有很多局部信息未被关注到。我们希望通过一种更完整的方式,挖掘出人脸图像完整的特征信息。

如何利用全部的特征点信息是一个值得思考的问题。显然,不能对所有特征点进行遮盖,那会对图像造成严重的信息破坏,丢失人脸各特征之间的关联。因此,我们设计了一个多输入的网络,可以同时将每个带有特征点遮盖的样本输入网络,得到一个综合性的验证结果。

从图 4-12 中可以看到,网络同时包含 6 组输入,即不添加任何遮盖的原始图片,分别在 5 个特征点上添加遮盖的遮盖图片。对于网络输出部分,这 6 组输入拥有相同的亲属关系,因此将特征层进行拼接,共同送入一个全连接层,得到亲属关系识别结果。而局部特征标记由于每项输入都不相同,因此将它们分别计算得到损失,再进行算术求和。最终,局部特征标记结果求得的损失需要与亲属关系识别结果求得的损失相加,并赋予亲属关系识别结果一个较高的权重,具体实验设置在后面的章节会有详细叙述。

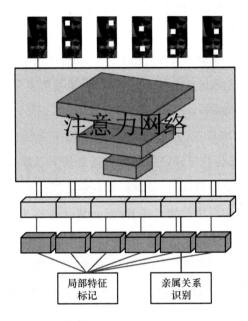

图 4-12　多输入注意力网络

使用这种方法,可以尽可能地利用到图像中的特征点信息。但由于存在大量相似样本,使用这种方法容易出现过拟合的问题,同时导致计算量增大。

4.2.2　数据集介绍

在实验中使用的数据集是 KinfaceW 数据集,它包含 KinfaceW-I 和 KinfaceW-Ⅱ 两个子集。

两个数据集的图片均被分为 4 种关系:父女、父子、母女、母子。其中,KinFaceW-I 数据集包含 1 066 张图片,每张图片标记了人脸眼睛的位置,并以之为中心裁剪成 64×64 大小的人脸图像。KinFaceW-Ⅱ 数据集包含 2 000 张图片,每种亲属关系 500 张,同样标记了眼睛的位置并裁剪到 64×64 的尺寸。

4.2.3 实验

1. 实验设置

在数据集的验证方法上,我们遵循标准协议,将数据集平均分成 5 份,进行交叉验证。

在实验中,正样本由同一家庭的父母与孩子构成,负样本由不同家庭的父母与孩子构成。显而易见,在实验中正样本的数量远远小于负样本。为了避免训练中某一种样本出现过拟合的问题,我们进行了一个平均采样,以保证每一次迭代中送入网络的正负样本数量是均衡的。

在实验中网络的学习率设定为 0.000 1,学习器选择 Adam。通过尝试多种学习率,发现在学习率较低时,网络会获得较好的性能。这也是学习器 Adam 的特性。在每次迭代过程中,将大小为 32 的批量数据输入网络,并在学习结束后更新网络参数。需要较长的时间才能获得令人满意的网络性能。在 KinFaceW-Ⅰ 数据集上,需要训练 60 代以获得最佳结果。在 KinFaceW-Ⅱ 数据集上,需要训练 100 代以获得最佳结果。

在训练前需要对数据进行数据增强。具体来说,首先将人脸图像尺寸从 $64×64$ 扩大到 $73×73$,再从当前尺寸中随机裁剪出 $64×64$ 大小的图像。同时,以 50% 的概率对图像进行左右翻转。尽管这样的操作会使左侧遮盖与右侧遮盖之间混淆,但并不会影响实验效果,因为人脸的左和右通常都是对称的,没有必要一定对方向进行区分。

为了证明所提出方法的有效性,我们进行了几组对照实验。

第一组实验命名为"基本 CNN",即只使用最基本的 CNN 网络,没有插入注意力模块,也没有为图像添加遮盖。

第二组实验命名为"仅注意力网络",即在"基本 CNN"实验的基础上,在网络中插入了注意力模块。但是,没有为图像添加遮盖。

第三组实验命名为"仅遮盖",即为图像中的特征点添加了遮盖,但并没有在网络中插入注意力模块。

第四组实验命名为"完整方法",也就是既在图像中添加了遮盖,也在网络中插入了注意力模块。

表 4-1 和表 4-2 分别展示了这几种方法在 KinFaceW-Ⅰ 和 KinFaceW-Ⅱ 数据集上的对比结果。可以看出,"完整方法"相较与其他几种方法,展现了最好的性能,说明了注意力模块及图像中遮盖设定的有效性。

表 4-1　亲属关系注意力方法在 KinFaceW-Ⅰ 数据集上的识别率　　　　　　（%）

方法	FD	FS	MD	MS	均值
基本 CNN	69.8	71.0	81.9	72.1	73.7
仅注意力网络	70.1	68.9	82.7	72.9	73.9
仅遮盖	70.5	71.2	82.4	73.2	74.3
完整方法	**73.9**	**72.7**	**83.3**	**76.2**	**76.5**

表 4-2　亲属关系注意力方法在 KinFaceW-Ⅱ 数据集上的识别率　　　　　　（%）

方法	FD	FS	MD	MS	均值
基本 CNN	82.2	86.0	89.8	88.6	86.7
仅注意力网络	81.4	86.6	90.2	88.8	86.8
仅遮盖	85.2	87.0	91.4	89.1	88.2
完整方法	**85.7**	**88.2**	**91.4**	**89.6**	**88.7**

2. 实验结果与分析

（1）消融实验

在这一部分,我们所选择的实验超参数为:灰色遮盖,遮盖大小为 9×9 , $\lambda = 5$ 。选择这组超参数并不是证明它们是最佳超参数选择,只是为了统一参数以作参照,起到控制变量的作用。超参数选择会在下一部分详细叙述。

首先,我们分析一下以"基本 CNN"方法为对照的 4 组实验。从表 4-1 和表 4-2 的实验结果可以看出,在网络中插入注意力模块或为图像添加遮盖都可以提高网络性能。仅插入注意力模块的方法,在 KinFaceW-Ⅰ 数据集上将性能提高了 0.2%,在 KinFaceW-Ⅱ 数据集上将性能提高了 0.1%。这说明我们提出的注意力模块起到了放大局部特征的效果。

仅添加遮盖的方法,在 KinFaceW-Ⅰ 数据集上将性能提高了 0.6%,在 KinFaceW-Ⅱ 数据集上将性能提高了 1.5%。可以看出,仅添加遮盖的方法对性能的提升要大于仅添加注意力模块的方法。这符合我们最初的设定,注意力模块并不能智能地将注意力集中在我们所需的位置,因此不经过指引的注意力模块对性能的提升非常有限。相反,仅添加遮盖的方法一是增大了数据量,二是可以对基本 CNN 网络进行一定的指引,虽然没有注意力模块,同样可以对网络性能起到较好的提升效果。

接下来,我们对比一下完整方法与仅添加遮盖的方法。可以看到,在 KinFaceW-Ⅰ 数据集上,性能提升了 2.2%,在 KinFaceW-Ⅱ 数据集上,性能提升了 0.5%。这两种方法相比,区别只是添加注意力模块与否。可以发现,性能的提升比起在基本 CNN 上添加注意力模块提升的性能要高很多。这也印证了我们的想法,注意力模块与遮盖之间相辅相成,以遮盖作为指引注意力模块才能发挥出足够的效果。

(2)超参数分析

除了网络中常用的参数外,我们的实验还包含几个超参数,对于它们的取值进行了分析。

为了获得更好的性能,我们进行了一系列超参数验证,涉及以下参数:遮盖的颜色、遮盖的大小以及损失函数中的参数 λ。我们对这 3 个超参数进行了几组比较实验,并将结果列在表 4-3 中。在每组对比实验中,我们将其他两个超参数保持恒定,以探索当前超参数的最佳值。根据结果,$\lambda = 5$,遮盖颜色=白色,遮盖大小= 11×11 是最佳的超参数集。我们使用 KinFaceW-Ⅱ数据集上的综合识别率作为最终标准,因为在 KinFaceW-Ⅱ数据集上的实验结果优于 KinFaceW-Ⅰ。

表 4-3　超参数分析

参数	数据集	识别率(%)				
		FD	FS	MD	MS	Mean
参数说明:损失函数的参数 λ(颜色=灰,尺寸= 9×9)						
$\lambda = 3$	KinFaceW-Ⅰ	75.3	74.2	82.7	76.3	77.1
	KinFaceW-Ⅱ	87.1	88.7	91.1	90.1	89.3
$\lambda = 5$	KinFaceW-Ⅰ	75.4	75.4	82.8	75.9	77.4
	KinFaceW-Ⅱ	88.6	88.6	91.7	89.8	89.7
$\lambda = 10$	KinFaceW-Ⅰ	73.9	72.7	83.4	76.2	76.5
	KinFaceW-Ⅱ	87.1	88.2	91.4	89.6	89.1
$\lambda = 15$	KinFaceW-Ⅰ	73.5	70.9	80.5	72.9	74.5
	KinFaceW-Ⅱ	87.8	88.1	91.0	90.2	89.3
参数说明:遮盖颜色($\lambda = 5$,尺寸= 9×9)						
灰	KinFaceW-Ⅰ	75.4	75.4	82.8	75.9	77.4
	KinFaceW-Ⅱ	88.6	88.6	91.7	89.8	89.7
模糊	KinFaceW-Ⅰ	68.5	68.2	79.0	68.6	71.0
	KinFaceW-Ⅱ	82.4	82.6	87.3	85.1	84.4
黑	KinFaceW-Ⅰ	78.7	75.3	84.1	80.5	79.6
	KinFaceW-Ⅱ	86.9	89.2	91.6	90.7	89.6
白	KinFaceW-Ⅰ	77.1	75.8	83.7	77.0	78.4
	KinFaceW-Ⅱ	89.6	91.2	91.9	91.8	91.1

续 表

参数	数据集	识别率(%)				
		FD	FS	MD	MS	Mean
参数说明:遮盖尺寸(λ＝5,遮盖颜色＝白)						
7×7	KinFaceW-Ⅰ	74.7	75.7	83.5	74.4	77.1
	KinFaceW-Ⅱ	89.5	89.0	91.9	90.8	90.3
9×9	KinFaceW-Ⅰ	75.4	75.4	82.8	75.9	77.4
	KinFaceW-Ⅱ	88.6	88.6	91.7	89.8	89.7
11×11	KinFaceW-Ⅰ	77.6	77.0	86.5	83.0	81.0
	KinFaceW-Ⅱ	88.3	92.5	94.1	91.4	91.6
13×13	KinFaceW-Ⅰ	79.4	79.2	86.6	80.0	81.3
	KinFaceW-Ⅱ	89.8	90.8	92.6	91.6	91.2

对这些超参数的值进行分析可以得出以下结论:

① λ 的值是基于局部特征标签和亲属识别标签的比率。在实验中,它们的比率为 5∶1,因此将 λ 取为 5 是适当的。

② 黑白遮盖取得了良好的效果,其中黑色遮盖在 KinFaceW-Ⅰ 数据集中表现更好,白色遮盖在 KinFaceW-Ⅱ 数据集中表现更好。可以看出,遮盖应该选择对比度大的颜色,而模糊覆盖的效果最差。

③ 遮盖大小的值应尽可能大,但要保证尽可能不会遮盖其他特征位置。

(3)与其他方法的对比

接下来将我们的方法与其他 6 种方法进行了对比,包括 IML[66]、MNRML[8]、MPDFL[18]、DMML[66]、GA[89] 和 CNNP[90]。表 4-4 和表 4-5 分别展示了这些方法在 KinFaceW-Ⅰ 和 KinFaceW-Ⅱ 数据集上的实验结果。

表 4-4　在 KinFaceW-Ⅰ 数据集上与其他方法的对比(识别率)　　　　　　(%)

方法	FD	FS	MD	MS	均值
IML	67.5	70.5	72.0	65.5	68.9
MNRML	66.5	72.5	72.0	66.2	69.3
MPDFL	73.5	67.5	66.1	73.1	70.1
DMML	69.5	74.5	75.5	69.5	72.3
GA	76.4	72.5	71.9	77.3	74.5
CNNP	71.8	76.1	84.1	78.0	77.5
注意力网络	77.6	77.0	86.5	83.0	81.0
多输入网络	**85.9**	**81.2**	**85.2**	**78.2**	**82.6**

表 4-5　在 KinFaceW-Ⅱ 数据集上与其他方法的对比(识别率)　　　　　(%)

方法	FD	FS	MD	MS	均值
IML	74.0	74.5	78.5	76.5	75.9
MNRML	74.3	76.9	77.6	77.4	76.6
MPDFL	77.3	74.7	77.8	78.0	77.0
DMML	76.5	78.5	79.5	78.5	78.3
LM³L	82.4	74.2	79.6	78.7	78.7
GA	83.9	76.7	83.4	84.8	82.2
CNNP	81.9	89.4	92.4	89.9	88.4
注意力网络	88.3	92.5	94.1	91.4	91.6
多输入网络	**89.8**	**91.8**	**93.4**	**92.8**	**92.0**

从表中可以看出,我们的方法优于表格中列出的所有方法,与结果最相近的 CNNP 方法相比,我们在 KinFaceW-Ⅰ 数据集上提高了 3.5% 的性能,在 KinFaceW-Ⅱ 数据集上提高了 3.2% 的性能。在 CNNP 方法中,研究者使用深度卷积网络提取亲属图像之间的特征。同样关注到了局部特征的重要性,他们将图像裁剪成 10 个不同的部分,并通过 10 个结构相同参数不同的网络来进行学习。显然,这种方法显得非常冗余和麻烦,同时计算量也非常大。我们的方法通过局部区域指引注意力网络学习的方式,仅使用一个网络就达到了优于 CNNP 10 个网络的性能。在整体结构和计算量上,我们的方法都有很大的优势。

我们还比较了多输入注意力网络的实验结果。在性能方面,它优于表格中列出的所有网络,并在单输入注意力网络的基础上做到了一定程度的提升,在 KinFaceW-Ⅰ 数据集上的实验结果提升了 1.6%,KinFaceW-Ⅱ 数据集上的实验结果提升了 0.4%。这表明我们的多输入注意力网络是有效的,但仍有很多工作可以对这一结构进行改进。目前输入网络的 6 组输入相似性过高,容易造成过拟合的问题,也不利于网络抓住它们之间的共性。在数据预处理阶段进行更多操作可以改善这一问题。

4.2.4　结论

本节聚焦于特征层面的问题,探讨了局部区域在人脸亲属关系识别中的作用。我们提出了一个局部引导视觉网络来验证人脸图像之间的亲属关系。设计了注意力网络,以提取有关局部部位的信息,并通过在特定位置添加遮盖来指导学习。验证结果证明了我们提出的方法的性能优越。

多输入注意力网络是我们在原始注意力网络的基础上进行的一项改进工作。验证结果证明了该方法的性能优越。目前,其性能略高于单输入注意力网络,并且其改进空间更大。可以预见,网络结构的优化和数据预处理的增强将提高该方法的性能。

4.3 多尺度深层关系推理方法

与现有的人脸亲属关系识别方法不同,本节利用人脸图像中局部区域的潜在信息进行亲属关系识别。人脸图像的相似性可以根据人脸图像的局部信息和整体信息进行度量。可以利用卷积运算从人脸图像中提取不同尺度的特征,这些特征代表了人脸不同方面的表示。此外,我们还对在同一尺度下提取的特征进行分割,分别计算它们之间的相似性。关系网络可以用于推理来自相同尺度和相同位置的成对特征之间的关系。关系网络的引入可以从不同的人脸区域生成不同的特征对,这大大地提高了利用人脸图像中潜在信息的能力。

关系网络通过约束网络的功能形式来完成关系推理。这意味着关系网络不需要学习就具有一定的关系识别能力。然而,这种思想在传统的分类网络中是无法实现的,因为传统的分类网络需要大量的先验学习。一些研究者尝试建立一个合适的关系网络来弥补卷积层在逻辑推理中的不足[91,92]。对于不同的应用,关系网络的设计方法有不同的特点。实验结果表明,关系网络在图片推理[93-95]、文本问答[96]、动态物理[97]、3D 预测[98]中都能起到推理效果。

Santoro 等人[99]提出了一种深层关系网络来解决本质上依赖关系推理的问题。该网络可以考虑所有对象对之间的潜在关系,这意味着被处理对象的关系不一定具有实际意义。Sung 等人[100]提出了一种用于有限元镜头学习和零触发学习的关系网络。该方法成功地应用于一个具有查询实例的 5 维 1 次问题。Zhou 等人[101]提出了一种时间关系网络,用于在多个时间尺度上学习和重构视频帧之间的时间依赖关系。Chang 等人[102]提出了一种广播卷积网络(Broadcasting Convolutional Network,BCN),从整个输入图像的全局域中提取关键目标特征,并识别其与局部特征的关系。

在本节中,我们的目标是利用关系网络来进行亲属关系推理。具体来说,本节设计的关系网络可以通过分析人脸图像中的区域关系来进行亲属关系推理,即图像中人物是否具有父子、父女、母子、母女 4 种亲属关系。

大量研究表明,使用多尺度特征可以提高网络的精度,尤其对于一些需要全局信息和上下文信息的应用[103,104]。具体来说,当关系网络对输入信息进行推理时,来自不同层次的特征分别被提供给决策模块。这些不同规模的特征提供了全局信息和上下文信息。实验结果表明,多尺度特征适用于多个领域,如目标检测[105-107]、语义分割[108,109]、人体姿态分析[110]、图像分类[111]等。

Singh 等人[109]提出了一种名为 SNIPER 的算法,该算法在实例级视觉识别任务中进行了高效的多尺度训练,可以处理地面真实实例周围的上下文区域。Chen 等人[110]构造了一个递归的图像分割搜索空间,该方法表示了多尺度的视觉信息,并对高分辨率图像进行了处理。Ke 等人[111]开发了一种用于人体姿态估计的多尺度结构感知神经网络,该方法有效解决了规模变化、遮挡以及复杂的多人场景等难题。Guo 等人[112]提出了一种弱监督的多尺度网络来分析网络图像。它利用特征空间中的分布密度来度量数据的复杂性,并以无监督的方式对复杂性进行排序。在本章的工作中,我们利用多尺度特征表示为亲属关系识别提供了全局和上下文信息。

基于以上分析,我们设计了一个用于人脸亲属关系识别的深层关系网络[113]。该方法由特征提取模块、关系网络模块和亲属关系识别模块 3 个部分组成。具体来说,特征提取模块由两个权值共享的卷积神经网络组成。它们从代表不同区域的一对人脸图像中提取不同尺度的特征。关系网络模块对人脸区域之间的关系进行推理,通过对不同的人脸区域进行单独处理,产生一系列的推理。接下来,把这些推论结合起来作为亲属关系识别模块的输入。最后,由亲属关系识别模块确定一对人脸图像之间是否存在亲属关系。

4.3.1 方法设计

在这一节中,我们将详细介绍提出的人脸亲属关系识别网络。该网络通过约束网络结构来比较人脸图像中不同区域之间的关系。关系网络用来推理成对的人脸图像之间的关系。

1. 深层关系网络

特征提取是分类识别应用中十分重要的一个环节,特征提取的性能直接影响着分类识别的结果。为了提升人脸亲属关系识别的性能,便于后续工作的展开,本节首先进行了多尺度特征提取。提取的多尺度特征可以同时提供全局和上下文信息。特征提取后,通过比较多尺度特征之间的关系,从一对人脸图像中推断出亲属关系。现有模型通常应用卷积神经网络来实现亲属关系识别。与传统方法不同的是,我们使用关系网络对亲属关系进行推理。图 4-13 展示了我们提出的亲属关系识别网络的结构。

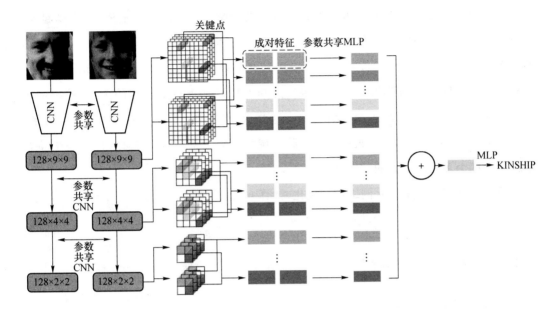

图 4-13 深层关系网络结构图

该网络以一对人脸图像作为输入。首先使用两个参数共享的卷积神经网络将人脸图像转换为 3 个尺度的特征。由于卷积核大小不同,这些特征仅由部分人脸图像区域产生。这 3 种尺度的特征提供了人脸图像的局部和全局信息。接着将两两成对的特征连接在一起,并使用一个共享权值的多层感知器来处理。然后,将这些特征添加到网络中,并使用另一个多层感知器来确定给定的一对人脸图像是否存在亲属关系。

具体来说,网络的输入为一对属于 $\boldsymbol{R}^{3\times64\times64}$ 空间的人脸图像。这两幅人脸图像通过一对卷积网络,分别共享权值[114]。根据卷积计算的原理,将不同大小的输入信息生成不同尺度的特征。人脸信息被转换成 $\boldsymbol{R}^{64\times13\times13}$、$\boldsymbol{R}^{128\times9\times9}$、$\boldsymbol{R}^{128\times4\times4}$、$\boldsymbol{R}^{128\times2\times2}$ 等不同尺度的特征。这使得浅层特征可以提供上下文相关的局部信息,而深层特征可以提供全局的整体信息。

我们利用多尺度特征从不同角度对人脸亲属关系进行建模。首先选择不同尺度特征之间的信息作为关系网络的输入。当卷积核和网络深度不够大时,在同一尺度下不同特征点对应的输入人脸图像区域是不同的。例如,对于特征映射 $\boldsymbol{R}^{128\times9\times9}$,左上角的信息源可能是人的左眼。较低处特征的信息来源可能是一个人的嘴。我们将每个尺度的特征分割成几个特征点,分别使用。例如,将特征 $\boldsymbol{R}^{128\times9\times9}$ 分解为 9×9 个区域块,共 81 个特征,每个特性的大小为 $\boldsymbol{R}^{128\times1}$ 。这样,每个特征可以代表一个不同的人脸区域。因此,可以通过此种方法为人脸亲属关系识别提供丰富的人脸图像潜在信息。

给定单一尺度的特征,我们将来自两个人脸特征图相同位置的特征 $\boldsymbol{R}^{128\times1}$ 连接起来。因此,可以得到多个 $\boldsymbol{R}^{128\times1}$ 特征。每个 $\boldsymbol{R}^{128\times1}$ 特征分别表示每对人脸图像中相同区域的信息。关系网络首先用多个参数共享的多层感知器分析这些选定的特征。它由一些完全连接层和 ReLU 激活函数组成。这个多层感知器可以推理特征之间的关系,输出属于 $\boldsymbol{R}^{64\times1}$ 的特征向量。然后在元素层面上加入这些 $\boldsymbol{R}^{64\times1}$ 特征,用于表示不同的人脸区域。最后,使用另一个多层感知器根据不同人脸区域之间的关系来推理亲属关系。我们将在后面给出两个多层感知器的详细结构。

使用交叉熵损失函数对网络进行优化,计算方法如下:

$$L = \sum_{i=1}^{N} \left[-y_i \log(\hat{y}_i) - (1-y_i)\log(1-\hat{y}_i) \right] \tag{4-5}$$

其中,L 为损失,N 为样本个数,y_i 为第 i 个样本的真实数据,$\hat{y}_i$ 为第 i 个样本的预测。

2. 多尺度特征融合

将人脸图像通过深层关系网络传递后,选择合适的特征进行亲属关系识别。由于现有的模型普遍致力于有效地提取单一尺度的特征,与之不同的是,我们使用卷积神经网络生成多尺度特征,为人脸亲属关系识别提供全局和上下文信息。需要强调的是,在大多数网络中,如果要提取多尺度特征,需要构造另一个网络来融合不同尺度的特征。我们提出的方法使用一个关系网络来直接分析这些不同尺度的特征。具体来说,使用关系网络推断一个 $\boldsymbol{R}^{256\times1}$ 特征,该特征由一对人脸图像生成的相同位置和相同尺度的特征组成。

我们为关系网络选择了 3 种特征尺度。它们的特征大小包括 $\boldsymbol{R}^{128\times9\times9}$、$\boldsymbol{R}^{128\times4\times4}$、$\boldsymbol{R}^{128\times2\times2}$。在我们的关系网络中,对 101 个特征进行了推理,这意味着关系网络需要大量的时间来计算,并且不方便选择更多尺度的特征。因此,需要设计一种合适的关系网络方法来快速有效地利用 101 个特性。在本节的工作中,分别尝试了 3 种不同的策略来探索如何使用从不同的人脸区域生成的多尺度特征。

(1)人工选择关键特征

第一种策略是根据实验结果人工选择合适的关键特征。

虽然所有的特征都可能有助于分析亲属关系,但早期的实验结果表明,不同的特征对亲属关系的影响是不一样的。该策略期望通过为关系网络提供更好的全局和上下文信息,人工选择与亲属关系紧密相关的特征。

为此,我们进行了多次实验,试图从 3 个尺度的特征中寻找最优选择。首先在 KinFaceW-Ⅱ数据集的父女关系中发现了一组可能的解决方案。虽然这可能不是最优的解决方案,但是得到的实验结果显示这种策略可以达到很好的性能。接着将此解应用于 KinFaceW-Ⅱ数据集的其他 3 种亲属关系。实验结果表明,不同亲属关系的最优解可能不同,这进一步增加了人工选择最优特征的难度。

此种情况与实际情况一致,我们发现不同亲属关系的人脸图像会受到性别的影响。这不仅仅是性别属性的问题,肤色、脸型、五官,甚至皱纹等许多方面,都可能受到不同性别的影响。这就造成了不同亲属关系所形成的特征空间的差异。即使找到了某个空间的最佳选择,它也不一定适合其他的亲属关系。

(2)随机策略

第二种策略是在训练过程中随机选择一些类似 dropout 层的特征。

该策略为关系网络提供了丰富的输入信息,这是由不同特征的组合决定的。即使输入信息相同,在训练过程中,由于随机选择不同的特征组合,关系网络的输出也会不同。我们期望这种策略能够提高网络的识别能力。这是一个简单而有效的方法,即使它不够巧妙。

我们从每个特征尺度中随机选择固定数量的特征。同时,为 3 个尺度特征的每个元素集合设置权重。这种加权方法允许网络专注于根据 3 个尺度来识别人脸亲属关系,而不是用特征点最多的那个尺度。对于每个尺度的特征,其权重与被选择的数量成反比。

对于测试集,我们还尝试使用 3 种方法来使用 101 个特征。第一种方法为不采取任何措施,关系网络选择分析所有的特征。第二种方法对测试集采取随机选择策略,具体设置与训练集一致。第三种方法使用最大池化层控制特征的数量。实验结果表明,采取随机策略选取样本可以有效地提高算法的性能。具体的准确性和更多的实验分析将在实验部分介绍。

(3)池化策略

第三种策略使用池化层来控制特征的数量。

该策略可用的选项包括最大池化层和平均层。通过卷积层来控制特征的数量是一项比较容易的任务,但它破坏了特征规模。我们的方法是采用池化层来控制特征的数量。

池化层不会改变特征的规模。具体来说,首先使用 3 个池化层减少 3 个尺度特征的大小。池化层的输出被用作关系网络的输入。由于池化功能并不庞大,它们都可以用于关系网络的输入。正确设置池化层非常重要。我们进行了一系列的对比实验来发掘合适的池化层,包括池化层的类型和池化层的输出特征大小。实验结果证明了该策略的有效性,更多细节将在实验部分介绍。

3. 网络详细信息

在深层关系网络中使用的 CNN 模型的详细结构如表 4-6 所示。它由多个卷积层、最大池化层、批处理标准化层和 ReLU 激活函数组成。它的输入是一对大小为 $R^{3\times64\times64}$ 的人脸图像,在网络计算中产生的 3 个特征尺度分别为 $R^{128\times9\times9}$、$R^{128\times4\times4}$ 和 $R^{128\times2\times2}$。对于给定的一对人脸图像,首先用共享参数的卷积神经网络分别为父母图像和孩子图像提取两个特征映射。然后将这两个特征映射的对应局部区域连接并添加到关系网络。

我们的方法和以前的方法有两个主要区别。首先,我们的关系网络明确对两个特征图之间的关系建模,而不是对一个特征图内的关系建模。其次,我们的方法采用多尺度策略来进一步提高验证性能。

表 4-6　CNN 在我们深层关系网络中的详细参数

设置	Input Size	Output Size	Kernel	Stride	Padding
CONV1+BN+ReLU	$3\times64\times64$	$32\times60\times60$	5	1	0
MAX POOL	$32\times60\times60$	$32\times30\times30$	2	2	0
CONV2+BN+ReLU	$32\times30\times30$	$64\times26\times26$	5	1	0
MAX POOL	$64\times26\times26$	$64\times13\times13$	2	2	0
CONV3+BN+ReLUL	$64\times13\times13$	$128\times9\times9$	5	1	0
CONV4+BN+ReLUL	$128\times9\times9$	$128\times4\times4$	3	2	0
CONV5	$128\times4\times4$	$128\times2\times2$	3	1	0

在我们的深层关系网络中使用的两个多层感知器的详细结构如图 4-14 所示。左边 3 个完全连接的层形成了第一个多层感知器,它用于分析配对特征之间的关系。右边两个完全连通的层构成了第二个多层感知器,它从多个特征的关系来分析亲属关系。

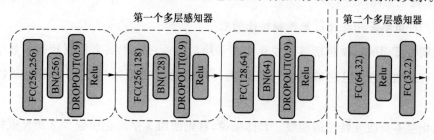

图 4-14　两个多层感知器的结构图

4.3.2 实验和结果

在本节中,我们将分两个部分介绍实验和结果。首先介绍数据集、评估指标和参数设置,然后介绍实验结果和分析。

1. 实验设置

(1)数据集

本节在两个公开的人脸亲属关系数据集 KinFaceW-Ⅰ 和 KinFaceW-Ⅱ 上进行了实验。KinFaceW-Ⅰ 数据集包含 1 066 张人脸图像。这些图像包括 4 种亲属关系:父女关系、父子关系、母女关系和母子关系。每组亲属关系样本包含一对人脸图像。每张人脸图像根据预先标记的眼睛的位置被调整为 64×64 的大小。在数据集中的每组亲属关系样本对来自两张不同的照片。

KinFaceW-Ⅱ 数据集包含 2 000 张人脸图像。这些图像同样包含 4 种亲属关系:父女关系、父子关系、母女关系和母子关系。每一种亲属关系都包含 250 对人脸图像。所有的人脸图像根据标记的眼睛位置,被调整为 64×64 的大小。与 KinFaceW-Ⅰ 不同的是,这两张具有亲属关系的人脸图像来自同一张照片。

(2)评估指标

我们将亲属关系预测正确的所有样本百分比作为模型的评价指标。由于实验中使用的数据集没有明确区分训练集和测试集,本节使用了五折交叉验证方法对所设计算法的性能进行验证。由于这两个数据集没有严格地限制亲属关系的正负样本,我们将数据集中具有亲属关系的人脸图像作为正样本对,将不具有亲属关系的人脸图像作为负样本对。

对于负样本,由于组合的多样性,负样本的数量远远大于正样本的数量。为了保证正负样本的均衡性,我们在实验之前进行了平衡操作。首先从所有没有亲属关系的潜在组合中随机地选择相同数量的负样本。考虑过拟合现象之后,对网络进行 100 个 epoch 的训练,并从最近 10 个 epoch 中选取精度最好的作为最终结果。这是因为前 10 个 epoch 比较稳定,避免了测试集规模较小造成的训练过拟合。

(3)参数设置

我们使用 PyTorch 在 NVIDIA GeForce GTX 1080 GPU 上完成了实验。根据图像预处理程序,将每幅图像调整为 73×73 的大小,并将中心裁剪为 64×64 作为网络的输入。考虑到对齐的人脸图像对会产生较好的性能,我们没有使用随机翻转或旋转。训练过程采用自适应矩估计(Adam)[115],通过反向传播(BP)进行。设置学习速率为5e-4,批量大小为50。为了保证人脸亲属关系识别网络可以获得最优的性能,我们采用了第三种策略对多尺度特征进行选择,即利用平均池化层来调整特征的数量。卷积层和全连接层的权值遵循正常初始化,将批归一化层的权值初始化为1,将所有偏差初始化为0。

2. 结果和分析

(1) 与不同方法的比较

为了验证本节所提出算法的有效性,将所提出的方法与 IML[66]、MNRML[8]、MPDFL[18]、DMML[66]和 LM³L[4] 5 种度量学习方法以及 GA[89]和 CNNP[90]两种 CNN 方法进行了比较。

之所以选择这些方法进行对比,主要是因为它们在使用过程中展现出了很好的性能和特点。IML 首先计算了一些特征的距离指标,然后将它们设置相同的权重,这大大地减少了参数的数量。MNRML 采用了一种多视图方法来解决不同特征描述符类型不一致的问题。MPDFL 学习了区分中间特征,它学习的每个样本都被表示为一个中间特征向量,其中每个条目是支持向量机超平面中对应的决策值。DMML 首先利用不同的人脸描述符提取多个特征,从不同的方面表征人脸图像,然后利用这些提取的特征共同学习多个距离度量。LM³L 联合学习了多个距离度量的亲属相似性度量,然后设定各正样本对距离小于一个低阈值,各负样本对距离大于一个高阈值。GA 通过门控自编码器提取特征,再利用度量学习得到最优的识别结果。CNNP 将判别神经网络层融合在一起,构建了一个基本的卷积神经网络,并从 10 个不同的人脸区域学习亲属关系。

我们验证了 4 种亲属关系的识别率和平均值。池化策略的准确性在两个表中给出,具体设置见表 4-6 中的第一个实验。表 4-7 和表 4-8 分别为各种算法在 KinFaceW-Ⅰ和KinFaceW-Ⅱ人脸亲属关系数据集上的验证结果。

从表中可以看出,我们的方法在这两个数据集上都表现出了良好的性能。这表明通过深层关系网络来分析亲属关系是可行的。与几种不同方法进行对比后可知,使用卷积神经网络从人脸图像中提取有效特征通常可以获得更好的性能。我们的方法也优于基于度量学习的方法。这是因为我们的方法不仅有助于简化模型参数,而且提供了一个推理结构,帮助识别亲属关系。

表 4-7　不同方法在 KinFaceW-I 数据集上进行比较（识别率） （%）

方法	FD	FS	MD	MS	均值
IML	67.5	70.5	72.0	65.5	68.9
MNRML	66.5	72.5	72.0	66.2	69.3
MPDFL	73.5	67.5	66.1	73.1	70.1
DMML	69.5	74.5	75.5	69.5	72.3
GA	76.4	72.5	71.9	77.3	74.5
CNNP	71.8	76.1	84.1	78.0	77.5
我们的方法	**85.8**	**87.5**	**88.1**	**80.9**	**85.6**

表 4-8　不同方法在 KinFaceW-II 数据集上进行比较（识别率） （%）

方法	FD	FS	MD	MS	均值
IML	74.0	74.5	78.5	76.5	75.9
MNRML	74.3	76.9	77.6	77.4	76.6
MPDFL	77.3	74.7	77.8	78.0	77.0
DMML	76.5	78.5	79.5	78.5	78.3
LM^{3}L	82.4	74.2	79.6	78.7	78.7
GA	83.9	76.7	83.4	84.8	82.2
CNNP	81.9	89.4	92.4	89.9	88.4
我们的方法	**90.4**	**86.6**	**91.0**	**87.2**	**88.8**

（2）第一种策略的参数比较

我们通过实验人为地寻找合适的特征点来分析亲属关系。在这个策略中，根据实验结果尽可能多地保留性能好高质量的特征，同时丢弃性能不好的质量差的特征。我们还根据实验结果删除了一些功能，并添加了以前没有使用过的功能。当然，这种策略有一个前提，即现有的解决方案在添加高质量的特性后可以执行得更好。在实验开始阶段，首先随机地选择一些特征并逐步优化。

表 4-9 显示了 6 组实验结果，其中每一列代表一组实验数据。表中的"9×9"行给出了从 81 个特征中选择的选项。表中"4×4"行给出了从 16 个特征中选择的选项，表中的"2×2"行给出了从 4 个特征中选择的选项。我们用一系列数字替换了特征的坐标，这些数字遵循从左到右、从上到下的规则。表中给出了 4 种亲属关系在不同条件下的识别结果及其均值。我们只在 KinFaceW-II 数据集上进行了测试，因为这个数据集的数量和质量都优于 KinFaceW-I 数据集。

表 4-9　不同参数下第一种策略在 KinFaceW-Ⅱ 数据集上的识别结果

组别	1	2	3	4	5	6
9×9	1,12,14, 39,70	69,72,73 ,79	6,12,18,30, 35,46,49,61	21,29,49,53	29,47,54,55, 62,77	12
4×4	5,11,14,15	6,14	1,7,8,10,11	9,10,11,12	8,9,12	15
2×2	0,1,2,3	2	0,3	0,1,2,3	0,2,3	2
FD	84.2%	82.0%	84.6%	87.2%	**87.8%**	86.4%
FS	85.6%	77.6%	89.0%	**89.4%**	89.2%	82.4%
MD	77.8%	81.6%	**85.4%**	77.4%	79.2%	71.6%
MS	**85.8%**	75.0%	78.4%	77.2%	72.6%	77.2%
均值	83.35%	79.05%	**84.35%**	82.8%	82.2%	79.4%

值得一提的是,由于选项太多,表 4-9 中的选项可能并不完美。从表 4-9 中第 1 组和第 6 组实验可以看出,在原有特征的基础上增加一些高质量的特征,有利于提高亲属关系网络的整体识别能力。从第 2 组和第 6 组实验可以看出,并不是所有的特征都适合识别亲属关系。虽然第 2 组实验为网络提供了更多的特征,但其整体效果甚至低于第 6 组。更重要的是,从这 6 组实验可以看出,不同亲属关系的最佳特征是不同的。虽然第 3 组实验总体上表现最佳,但它在母女关系上的准确性最高。其他 3 种亲属的最佳设置为第 1 组、第 4 组和第 5 组。有趣的是,在父子关系中,第 3 组、第 4 组、第 5 组所选择的特征并不相同,但 3 组的实验结果并没有太大的不同。这意味着两组不同的参数可以达到相同的亲属关系识别精度。

（3）第二种策略的参数比较

在这一部分中,我们采取了类似于 dropout 的随机策略。对于训练集图像,从 3 个特征尺度中随机选取固定数量的特征,每次选择的特征都不相同。对于测试集图像,使用所有的特性,分别尝试了随机选取和最大池化层的方法来控制特征的数量。

表 4-10 为 7 组对比实验,每一列的数据代表一个实验。权值表示是否对不同的尺度特征进行加权,其值与特征数量成反比。我们希望通过这种方法能够使亲属关系网络从 3 个尺度上均衡地分析特征。符号 T 表示加权,符号 F 表示未加权。"9×9"行是指在训练过程中从 81 个特征中选择的特征的数量。"4×4"行是指训练过程中从 16 个特征中选择的特征的数量。"2×2"行是指训练过程中从 4 个特征中选择的特征的数量。

表 4-10　不同参数下第二种策略在 KinFaceW-Ⅱ 数据集上的识别结果

组别	1	2	3	4	5	6	7
权重	T	F	T	T	T	T	T
9×9	16	16	32	8	1	16	16
4×4	4	4	8	2	1	4	4
2×2	1	1	2	1	1	1	1
FD	**84.0%**	81.4%	81.0%	83.2%	77.8%	83.0%	83.6%
FS	82.6%	87.0%	**88.6%**	86.4%	71.0%	76.6%	83.4%
MD	**87.8%**	85.8%	86.0%	79.8%	73.8%	80.2%	85.6%
MS	**87.0%**	83.4%	85.8%	79.6%	77.6%	81.0%	81.2%
均值	**83.35%**	84.4%	**85.35%**	82.25%	75.05%	80.2%	83.45%

在第 6 组实验中,对测试集图像采用了随机策略,具体设置与训练集图像一致。在第 7 组实验中,使用最大池化层来控制测试集图像的特征数。具体来说,对于输入特征 $R^{128×9×9}$,最大池化层的核大小为 3,步长为 2,填充为 0,输出特征大小为 $R^{128×4×4}$。对于输入特征 $R^{128×4×4}$,最大池化层的核大小为 2,步长为 2,填充为 0,输出特征大小为 $R^{128×2×2}$。对于输入特征 $R^{128×2×2}$,最大池化层的核大小为 2,步长为 2,填充为 0,输出特征大小为 $R^{128×1×1}$。表 4-10 展示了这 4 种亲属关系的识别率和平均值。

从第 1 组和第 2 组实验可以看出,加权后,亲属关系的预测精度可以提高。加权网络利用 3 个尺度的特征对亲属关系进行了分析,有助于网络分析不同尺度的特征对亲属关系的影响,而不会因特征数量产生偏见。第 1 组和第 3 组实验达到了最好的平均识别率,但两组实验在识别不同亲属关系方面各有利弊。不同亲属关系的最佳策略也各不相同。虽然第 1 组实验在 3 种亲属关系中都取得了较好的识别性,但在父子关系中表现不佳。第 3 组实验的设置更适合父子关系的识别。

从第 1、第 3、第 4 和第 5 组实验可以看出,适当增加训练集图像的特征数量有利于提升网络的性能。但如何选择训练集中的特征数量是个需要解决的问题。尽管第三组实验的特征数量与第一组实验相比增加了 1 倍,但平均准确率没有显著提高。第 1、第 6 和第 7 组实验表明,在测试集中使用所有特征比使用部分特征表现出了更好的性能。在特征提取方面,最大池化层方法优于随机选择方法。

(4) 第三种策略的参数比较

第三种策略的目标是使用池化层来调整 3 个尺度特征的数量,以降低计算成本。具体来说,3 个尺度的特征由 3 个不同的池化层进行调整,然后所有输出被用作关系网络的输入。由于池化层在调整特征数量方面发挥了较好的作用,因此不需要在池化后再增加过滤特征的环节。我们设计了一系列实验来比较池化层的类型和参数。

表 4-11 和表 4-12 显示了在 KinFaceW-Ⅱ 数据集上的 7 组实验结果。表 4-11 列出了不同参数设置下最大池化层的结果。表 4-12 列出了不同参数设置下平均池化层的结果。每一列代表一组实验数据。权重列代表是否为不同的比例特征添加权重，其值与特征数量成反比。符号 T 代表加权，符号 F 代表不加权。

"9×9"行表示 $R^{128\times9\times9}$ 合并后的特征尺寸。具体来说，如果池化层的核大小为 3，步长为 2，填充为 0，那么输出大小为 $R^{128\times4\times4}$。如果池化层的核大小为 3，步长为 3，填充为 0，那么输出大小为 $R^{128\times3\times3}$。如果池化层的核大小为 5，步长为 4，填充为 0，那么输出大小为 $R^{128\times2\times2}$。如果池化层的核大小为 9，步长为 1，填充为 0，那么输出大小为 $R^{128\times1\times1}$。"4×4"行表示 $R^{128\times4\times4}$ 合并后的特征尺寸。具体来说，如果池化层的核大小为 2，步长为 2，填充为 0，那么输出大小为 $R^{128\times2\times2}$。如果池化层的核大小为 4，步长为 1，填充为 0，那么输出大小为 $R^{128\times1\times1}$。"2×2"行表示 $R^{128\times2\times2}$ 合并后的特征尺寸。池化层的核大小为 2，步长为 2，填充为 0。表 4-11 和表 4-12 展示了 4 种亲属关系的识别率和平均值。

表 4-11 不同参数下第三种策略在 KinFaceW-Ⅱ 数据集上的识别结果（最大池化层）

组别	1	2	3	4	5	6	7
权重	T	F	T	T	T	T	T
9×9	4×4	4×4	3×3	3×3	2×2	2×2	1×1
4×4	2×2	2×2	2×2	1×1	2×2	1×1	1×1
2×2	1×1	1×1	1×1	1×1	1×1	1×1	1×1
FD	**88.8%**	88.4%	86.4%	82.2%	87.0%	82.6%	80.6%
FS	87.4%	**88.4%**	86.2%	79.4%	84.0%	80.2%	80.6%
MD	88.8%	**89.4%**	80.2%	81.8%	83.2%	64.8%	62.8%
MS	85.0%	87.0%	85.6%	85.8%	85.2%	87.4%	65.6%
均值	87.5%	**88.3%**	84.6%	82.3%	84.85%	76.5%	72.4%

表 4-12 不同参数下第三种策略在 KinFaceW-Ⅱ 数据集上的识别结果（平均池化层）

组别	1	2	3	4	5	6	7
权重	T	F	T	T	T	T	T
9×9	4×4	4×4	3×3	3×3	2×2	2×2	1×1
4×4	2×2	2×2	2×2	1×1	2×2	1×1	1×1
2×2	1×1	1×1	1×1	1×1	1×1	1×1	1×1
FD	**90.4%**	88.0%	88.2%	88.8%	87.8%	88.2%	87.8%
FS	86.6%	85.4%	87.0%	86.2%	85.6%	**87.6%**	87.2%

续 表

组别	1	2	3	4	5	6	7
MD	**91.0%**	90.4%	90.8%	88.4%	90.6%	90.6%	90.2%
MS	87.2%	87.8%	86.4%	87.6%	86.6%	87.0%	**88.4%**
均值	**88.8%**	87.9%	88.1%	87.75%	87.65%	88.35%	88.4%

通过表 4-11 和表 4-12 的对比可以发现,平均池化层比最大池化层更稳定。当池化层的参数发生变化时,平均池化层的实验结果会有一定的波动,但识别率变化不是特别明显。最大池化层受参数变化的影响很大。一个可能的原因是,最大池化层仅保留了最突出的特征,而失去了一些有效的特征。由表 4-11 的第 1 组和第 7 组实验可以看出,当最大池化层仅从每个尺度输出单个特征时,识别率显著下降。同时,随着输出特征的数量逐渐减少,识别率也逐渐降低。平均池化层的输出由所有特征生成,避免了这种现象。从第 1 组实验结果和第 2 组实验结果可以看出,加权操作对最大池化层没有增益效应,但对平均池化层有贡献。这表明,给不同尺度的特征增加合理的权重可以帮助提升亲属关系识别的性能,但在某些情况下,可能会产生相反的效果。

(5)3 种策略的探讨

从实验结果可以看到,表 4-12 中的第一组实验达到了最好的结果。同时也在父女、母女亲属关系上取得了最好的成绩。表 4-9 中的第 4 组实验达到了父子的最佳识别率。

总的来说,池化策略比随机策略好。这不仅可以从表 4-10、表 4-11 和表 4-12 中的实验结果的对比看出,表 4-10 中的第 6 组和第 7 组实验结果也反映了这一结论。测试集上的随机策略比最大池化低 3.25%。正如我们提到的,不同亲属关系的最佳策略可能不一样。表 4-9 中的第 4 组实验证明了这个推理。虽然在其他 3 种亲属关系上不够有效,但达到了父子关系最好的识别精度。

在通常情况下,第一种策略可能潜力很大。但这需要研究人员为每种亲属关系选择最合适的特征,灵活性较差。随机策略也有一定的改进空间。目前,网络可以从不同的组合中随机获得输入信息。如果能让网络在训练过程中记住高质量的特征及其组合,并根据新的输入逐渐优化,最后应用到测试集,它的性能可能会更好。池化策略作为一种简单有效的方法更为合适。

(6)第三种策略中不同尺度特征的比较

在这一部分,我们将探讨不同的尺度特征对亲属关系的影响。在实验中,使用 3 个尺度特征来提供全局信息和上下文信息,建立了消融实验来证明多尺度特征的有效性。我们选择了一组表现良好的参数,如表 4-12 的第一列所示。在这组参数中,我们将比较不同尺度特征对亲属关系网络的影响。本节设置了一系列对比实验来比较 3 种尺度的特征,包括单尺度特征、任意两尺度特征组合。详细的实验结果如表 4-13 所示。

表 4-13　不同尺度特征下第三种策略在 KinFaceW-Ⅱ数据集上的识别结果

组别	1	2	3	4	5	6	7
权重	T	T	T	T	T	T	T
9×9(4×4)	T	F	F	T	T	F	T
4×4(2×2)	F	T	F	F	T	T	T
2×2(1×1)	F	F	T	F	T	T	T
FD	81.6%	82.2%	76.0%	83.4%	83.2%	83.2%	90.4%
FS	83.8%	85.8%	68.2%	84.0%	80.8%	79.8%	86.6%
MD	76.4%	80.0%	74.2%	90.0%	83.4%	77.0%	91.0%
MS	84.2%	74.4%	73.2%	85.2%	81.2%	75.4%	87.2%
均值	81.5%	80.6%	72.9%	85.65%	82.15%	78.85%	**88.8%**

表 4-13 显示了 7 组对比实验。每一列数据代表一组实验。权重列指不同的比例特征是否加权;符号 T 表示加权,符号 F 表示未加权。9×9(4×4),4×4(2×2),2×2(1×1)表示是否使用了每个尺度的特征;符号 T 表示使用该尺度特征,符号 F 表示不使用该尺度特征。表 4-13 列出了每种亲属关系的识别率及其平均值。

从表 4-13 可以看出,使用多尺度特征是一种合理的方法。第 7 组实验表明,如果同时使用 3 种尺度特征,其性能将高于使用较少尺度特征的识别精度。这与我们最初的观点是一致的,可以通过使用多尺度特征为亲属关系网络提供丰富的全局和上下文信息。在第 1 组、第 2 组和第 3 组实验中可以看到单一尺度特征的影响。$R^{128 \times 9 \times 9}$ 的特性效果最好,$R^{128 \times 2 \times 2}$ 的特征效果最差。在第 4 组、第 5 组、第 6 组实验中也可以看到类似的现象,$R^{128 \times 9 \times 9}$ 特征去除后,识别精度迅速下降。

在一些对比实验中也可以看到多种特征的好处。在第 1 组、第 2 组和第 4 组实验中,可以看出同时使用两种尺度的特征可以提高 4.15% 的精度。在第 1 组、第 3 组和第 5 组实验中,可以看出两种尺度的特征优于单个尺度。值得思考的是,第 2 组、第 3 组和第 6 组实验表现出人意料。虽然两尺度特征的识别率比第 3 组实验好,但不如第 2 组实验。我们认为 $R^{128 \times 2 \times 2}$ 提供的信息区分性较差,因为第 3 组实验的识别率只有 72.9%,远低于其他单尺度特征实验的识别率。这也是为什么第 5 组实验的识别率只提高了 0.65%。多尺度特征的优势不仅体现在平均识别率上,还体现在每一种亲属关系的识别上。从对比实验可以看出,在大多数情况下,多尺度特征比单尺度特征表现更好。

图 4-15 展示了 3 对具有亲属关系的人脸图像的响应特征图,其中每一对人脸图像包括一张父图像和一张子图像。可以看出,图中的高亮区域主要集中在人脸的五官部分,在进行人脸亲属关系识别时表现了较好的区分性。

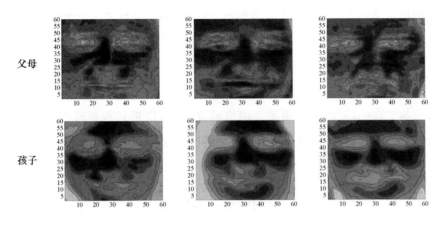

图 4-15　具有亲属关系的人脸图像的响应特征图

我们对识别失败的案例进行了观察和研究,发现那些具有亲属关系的人脸图像对的外观相似性相较于其他一些没有亲属关系的人脸图像对相似性较低。当一对具有亲属关系的人脸图像相似度较低时,无论是用我们提出的方法还是采取人工识别,都很难准确地判断两人之间是否具有亲属关系。反过来讲,如果一对无亲属关系的人脸图像相似度较高,那么想要识别出两人之间无亲属关系这一正确结论同样存在困难。这也是人脸亲属关系识别研究的一大难点。

（7）计算时间

表 4-14 展示了我们的方法中不同策略的计算时间,为识别率和速度之间的权衡提供了参考。

表 4-14　我们的方法中不同策略的计算时间

批尺寸:50	所有	人工选定策略	随机策略	池化策略
特征数量	101	15	21	21
消耗时间/s	0.103	0.026 6	0.040 6	0.032 5

4.3.3　结论

在本节中,我们提出了一种基于深层关系网络来推理人脸图像中同一区域关系的方法,最终实现亲属关系的识别。所设计网络利用卷积计算的优势,同时将人脸的不同区域转换为不同尺度的特征,为网络提供全局和上下文信息。关系网络可以通过限制网络结构推理出一对人脸图像中多个区域的关系,可以为网络提供更丰富的人脸图像潜在信息。实验结果表明了该方法的有效性。

当前网络定义的区域在几何上是相邻的,因此它不能分析由几个不相邻的图像区域提取的特征,即使这些特征对亲属关系识别有着重要的意义。例如,目前的网络可以分析一只眼睛。然而,由于卷积核的大小,网络可能无法直接分析双眼。这不利于获取更深层次的信息。

在未来的工作中,可以进一步扩大网络的灵活性,以更好地提取人脸区域的信息。同时,设计不同结构的关系网络也是一个值得研究的方向。

小　结

本章介绍了基于深度学习的人脸亲属关系识别,主要包括相关基础知识和方法的介绍,具体为深度学习的概述以及卷积神经网络的基本介绍,还有近几年内提出的性能较好的用于人脸亲属关系识别的深度学习方法。接着,本章还介绍了我们提出的两种深度学习新方法,分别为基于局部特征注意力方法的人脸亲属关系识别,以及基于多尺度深层关系推理方法的人脸亲属关系识别。在公开的亲属关系数据集上的实验结果验证了我们所提出方法的有效性。

第 5 章
基于强化学习的人脸亲属关系识别

5.1 概　　述

强化学习(Reinforcement Learning)又称为再励学习,是指从环境状态到行为映射的学习,以使系统行为从环境中获得的累积奖励值最大的一种机器学习方法。

强化学习是一种在线的、无监督的机器学习方法。在强化学习中,我们设计算法把外界环境转化为累积奖励值最大的动作。无须直接告诉系统要做什么或者要采取哪个动作,而是系统通过评判哪个动作得到了最多的奖励来自己发现。强化学习与其他机器学习任务(如监督学习)的显著区别在于,首先没有预先给出训练数据,而是要通过与环境的交互来产生;其次在环境中执行一个动作后,没有关于这个动作好坏的标记,而只有在交互一段时间后,才能根据累积奖励值推断之前动作的好坏。学习者必须尝试各种动作,并且渐渐趋近于那些表现最好的动作,以达到目标。尝试各种动作即为试错,也称为探索,趋近于好的动作即为强化,也称为利用。

5.1.1 相关知识概述

1. 强化学习概述

20世纪八九十年代,由于强化学习技术在大空间、复杂非线性系统中具有良好的学习性能,被认为是设计智能系统的核心技术之一,在有限资源调度、推荐系统、信息检索、机器人控制与操作、自动驾驶等人工智能、机器学习和自动控制等相关领域中得到了广泛的研究和应用。

强化思想最先来源于心理学的研究。1911 年桑代克提出了效果律,即一定情景下让动物感到舒服的行为,就会与此情景增强联系,也就是强化,当此情景再现时,动物的这种行为也更易再现;相反,让动物感觉不舒服的行为,会减弱与情景的联系,此情景再现时,此行为将很难再现。简而言之,要想系统记住此类行为,并将此类行为与刺激建立联系,起决定作用的不是系统本身,而是此类行为产生的效果。

强化学习是机器学习的一个重要分支,是多学科多领域交叉的一个产物。它的本质是解决决策的问题[116]。

孩子学习走路对我们来说是一件非常平常的事情,但其中就蕴含了强化学习的知识。对于大部分孩子,在学习走路之前,他们采取的运动方式通常是爬行。当他想去一个地方,想拿一个东西时他可以爬着过去。当孩子长大到一定程度,具备一定的条件后,比如大腿开始变得有力,他会开始学习站起,站起后能保持平衡时,开始学习迈腿,慢慢地就学会了走路。

在这个过程中,孩子需要学习的本领是走路,当他通过不断地抬脚、落脚,离地面上的目标越来越近的时候,孩子可以体会到内心的喜悦,经过多次的尝试后,他会慢慢地发现原来通过这种方式可以迅速到达自己想去的地方,拿到自己想拿的物品,比以前的爬行等方式更加便捷,这就促使他越来越快地学会走路。在学习过程中,当孩子学会站立、迈腿、晃晃悠悠慢慢前行时,可能还会得到来自家长的奖励,比如一块糖果、一个玩具,鼓励他继续学习。

在学习走路的这个过程中,孩子是行为的主体,执行的动作是和走路相关的各个动作,走路的场地为包含孩子在内的整个环境,孩子在学习过程中收获的成就感、赞赏和物质奖励等为总的奖励。这几部分内容对应的正是强化学习包含的几个关键要素。

强化学习的主要框架如图 5-1 所示。主体存在于环境中,由制定的策略控制,在当前状态 S_i 下根据奖励 r_i 来选择动作 a_i 作用于环境。环境接收该动作并转移到下一状态

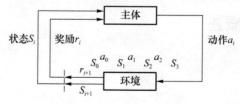

图 5-1　强化学习框架图

S_{i+1},同时产生一个强化信号(奖励或惩罚)反馈给主体。主体接收环境反馈回来的奖赏 r_{i+1} 和当前的状态再选择下一步动作。主体可以在给定的状态下选择一个对它有显著影响的动作,选择的原则是获得最多的累计奖励。强化学习的目的就是寻找一种最优策略,使得主体在运行中可以获得最大的累计奖赏值。

强化学习主要包含 4 个要素:主体、环境、动作和奖励。

主体是学习的主体,要求能感知环境的状态,自主选择动作,并且以最终目标为导向,与不确定的环境之间进行交互,在交互过程中强化好的动作,获得经验。

动作为主体可以执行的动作,具体由强化学习模型制定的策略决定。策略定义了主体在给定时间内的行为方式。一个策略就是从环境感知的状态到在这些状态中可采用动作的一个映射。

奖励为强化学习问题中的目标,由奖赏函数定义。奖赏函数将环境中感知到的状态(或状态-动作对)映射为单独的一个数值,即奖赏,表示该状态内在的可取程度。

在强化学习中,主体的唯一目标就是最大化在长期运行过程中收到的总奖赏。

2. 马尔可夫决策过程

通常强化学习在建模时都基于一种假设,即主体与环境的交互过程可以采用一个马尔可夫决策(MDP)过程来刻画,强化学习研究的一个方向为对马尔可夫决策问题的处理。

马尔可夫决策过程是指决策者周期地或连续地观察具有马尔可夫性的随机动态系统,序贯做出决策。也就是说,决策者要根据自己当前观察到的情况,从已知的可选行动中挑选出适合当前的行动并执行,随后当前的状态会按概率转移。到达下一个状态后,决策者会重复上面的操作,一直执行到满足某种终止条件为止。

马尔可夫决策过程如图 5-2 所示。

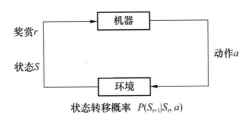

图 5-2 马尔可夫决策过程框架图

从图可以看出,马尔可夫决策过程框架图与强化学习框架图十分相似。机器处于环境中,与环境进行交互;每个状态 S 是机器感知的环境的描述;若某个动作 a 作用于当

前状态 S_t 上，则状态转移概率函数 P 使得环境从当前状态按某种概率转移到另一个状态 S_{t+1}；在转移到另一个状态的同时，环境会根据"奖赏"函数反馈给机器一个奖赏 r_{t+1}。

由于后来经历的状态会受到当前状态的影响，而且这个影响是逐渐减弱的，用一个折扣因子 γ 来表示衰减。

综上，马尔可夫决策过程可以用一个五元组来表示，即 (S,A,P,R,γ)，其中：S 为环境状态集合；A 为机器执行的动作集合；P 为状态转换概率；R 为奖赏函数；γ 为折扣因子。

具体含义如下：

（1）环境状态集合 S 为系统所有可能的状态所组成的非空集，有时也称为系统的状态空间，它可以是有限的、可列的或任意非空集。

（2）$A(s)$ 是在状态 s 下所有可能的动作集合。

（3）当系统在决策时刻点 t 处于状态 S_t，执行动作 a 之后，则系统在下一个决策时刻点 $t+1$ 时处于状态 S_{t+1} 的概率为 $P(S_{t+1} \mid S_t,a)$，称 $P(S_{t+1} \mid S_t,a)$ 为状态转换概率。

（4）当系统在决策时刻点 t 处于状态 s，执行决策 a 后，系统于本段情节获得的报酬为 $r(s,a)$，称 $R = r(s,a)$ 为报酬函数，也称为奖赏函数。

（5）γ 为折扣因子，用来表示所做决定对后面影响的衰减。

在环境中，状态的转移、奖赏的返回与机器（即系统）无关，机器只能通过选择要执行的动作来影响环境，也只能通过观察转移后的状态和返回的奖赏来感知环境。

机器要做的是通过在环境中不断地尝试而学得一个"策略"，根据这个策略，在状态 s 下就能得知要执行的动作。

3. 强化学习算法分类

强化学习算法根据不同的定义可以分为不同的类别。

（1）Model-Based 和 Model-Free

根据环境模型是否已知，强化学习算法可以分为 Model-Based 和 Model-Free 两大类。具体如图 5-3 所示。

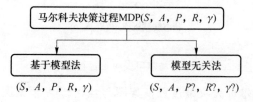

图 5-3 Model-Based 和 Model-Free 分类方法

Model-Based 也被称为基于模型法,指的是在学习过程中先学习模型知识,可以是机器对环境直接进行建模,也可以是在机器内部模拟出与环境相同或近似的状况,然后根据模型知识推导优化策略的方法。基于模型法的马尔可夫决策过程五元组 (S,A,P,R,γ) 的参数均为已知。常用的方法有动态规划(Dynamic Programming)。

Model-Free 也叫模型无关法,指的是在学习过程中主体不需要学习马尔可夫决策模型知识,直接学习最优策略。也就是说,主体不用学习和理解环境,环境给出什么信息就是什么信息。模型无关法的马尔可夫决策过程五元组 (S,A,P,R,γ) 的参数 P,R,γ 是未知的。常用的方法有蒙特卡罗(Monte Carlo)方法。

对比两种方法,基于模型法相当于比模型无关法多了模拟环境这个环节,通过模拟环境预判接下来会发生的所有情况,然后选择最佳的情况。而由于不需要学习马尔可夫决策模型知识,模型无关法的每次迭代计算量较小;但由于没有充分利用每次学习中获取的经验知识,相比基于模型法收敛要慢得多。

(2) Policy-Based 和 Value-Based

根据是以策略为中心还是以值函数为中心,强化学习算法可以分为 Policy-Based 和 Value-Based 两大类。具体如图 5-4 所示。

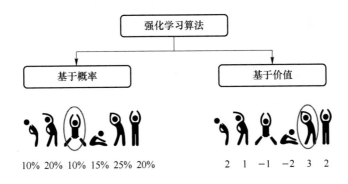

图 5-4 Policy-Based 和 Value-Based 分类方法

Policy-Based 方法直接输出下一步动作的概率,根据概率来选取动作。但概率最高的动作不一定会被选中,算法会从整体进行考虑。该方法适用于解决非连续和连续的动作问题。常见的方法有 Policy Gradients。

Value-Based 方法输出的是动作的价值,直接选择价值最高的动作。该方法适用于解决非连续的动作问题。常见的方法有 Q-learning 和 Sarsa。

为了更好地利用两种方法的优点,有些方法将二者进行了结合,如 Actor-Critic 方法。其中,Actor 根据概率做出动作,Critic 根据动作给出价值,加速了学习的过程。

（3）回合更新和单步更新

根据学习过程的更新方法，强化学习算法可以分为回合更新和单步更新两大类。具体如图 5-5 所示。

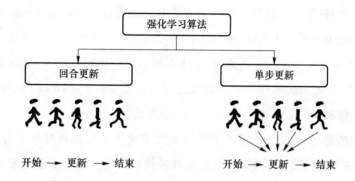

图 5-5　回合更新和单步更新分类方法

回合更新方法是指整个学习过程全部结束后再进行更新，常见的方法有 Monte-Carlo learning 和基础版的 Policy Gradients。

单步更新方法是指学习过程中的每一步都在更新，不用等到全部结束后再进行更新。常见的方法有 Q-learning、Sarsa 和升级版的 Policy Gradients。

相比而言，单步更新的方法更有效率。

（4）On-Policy 和 Off-Policy

根据学习过程的在线和离线情况，强化学习算法可以分为 On-Policy 和 Off-Policy 两大类。具体如图 5-6 所示。

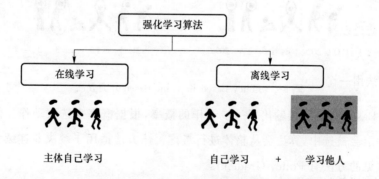

图 5-6　在线学习和离线学习分类方法

在线学习（On-Policy）是指在学习过程中，主体必须参与其中。常用的算法为 Sarsa。

离线学习（Off-Policy）是指在学习过程中，既可以主体自己参与到其中，也可以根据他人学习过程进行学习。常用的方法为 Q-learning 和 Deep-Q-Network。

根据不同的侧重点,强化学习还有其他的分类方法,这里不再赘述。不管强化学习如何分类,它的本质都不会改变,都是基于奖赏进行自主学习。

还有一点也需要再次强调一下,许多强化学习都基于一种假设,即主体与环境的交互可用一个马尔可夫决策(MDP)过程来刻画,因此强化学习的研究主要集中于对 Markov 问题的处理。

那么如何知道所研究的问题是否为 Markov 问题呢？可以通过以下的条件进行判断:

① 可将主体和环境刻画为同步的有限状态自动机;

② 主体和环境在离散的时间段内交互;

③ 主体能感知到环境的状态,作出反应性动作;

④ 在主体执行完动作后,环境的状态会发生变化;

⑤ 在主体执行完动作后,会得到某种回报。

5.1.2　相关工作概述

强化学习由于其较好的学习能力,在人脸识别、感情识别、人脸亲属关系识别等方面得到了广泛的应用。Li 等人[117]提出了一种基于强化学习的网络结构用于预先选取有用的人脸图像,已应用于人脸表情识别中。该方法包括两个模块,一个用于图像选取,一个用于识别人脸表情。图像选取模块基于强化策略可以选取有利于表情识别的人脸图像,而表情分类器作为导师负责训练图像选取模块。基于多个公开数据集的实验结果表明,该方法可以通过改善数据集的质量提升识别的性能,并且可用于任何分类器。

Zhang 等人[118]提出一种基于深度卷积神经网络和强化学习的注意力感知人脸识别方法。该方法由一个注意力网络和特征网络组成。注意力网络根据人脸特征点和强化学习方法选取人脸图像的小片区域,以提高人脸识别的精度。特征网络用于提取区分性强的特征。通过在公共人脸识别数据集上进行验证,该方法取得了令人满意的识别性能。

Cai 等人[119]提出了一种基于卷积神经网络 CNN 和循环神经网络 RNN 的方法用于人脸活体检测。该方法使用深度强化学习从人脸局部区域获取了人脸活体检测相关的信息,并通过 RNN 学习了局部信息的特征表示。最后将局部信息和全局信息进行了融合。实验结果验证了所提出方法的有效性。

关于人脸亲属关系识别的相关工作,以前我们主要将研究点聚焦在了特征层面,以提高特征判别性为出发点寻找提升亲属关系识别性能的方法。而本节的工作,我们将视点转移向亲属关系识别问题中的样本。受限于数据集大小,亲属关系识别问题的数据集普遍偏小,网络的训练也因此不够充分,无法使用性能强深度大的网络。然而在小样本量的数据集上,我们仍有工作可以开展。亲属关系识别问题不同于普通的分类问题,它的样本是成对的,因此拥有非常庞大数量的负样本。如何选出有利于提升识别性能的负样本是我们将要研究的工作,也称为困难样本挖掘问题。

困难样本挖掘是机器学习任务中经常需要解决的一个问题,尤其适用于需要大量高质量样本的深度卷积网络。常用的困难样本挖掘算法有两类:第一类方法用于优化SVM[120],第二类方法用于非 SVM。困难样本挖掘已经适用于各种模型,包括浅层神经网络[121]和增强型决策树[122]。可以看出,困难样本挖掘已在许多有效模型[123-125]中广泛使用。在深度嵌入式学习中,研究人员使用困难样本挖掘选择嵌入空间中的困难样本[126]。对训练方法和损失函数的研究也证明了困难样本挖掘的有效性[127,128]。

Shrivastava 等人[123]提出了一种新颖的引导技术,称为在线硬示例挖掘,用于训练基于深度 ConvNets 的最新检测模型。该算法根据不均匀、不平稳的分布对训练示例进行采样,该分布取决于所考虑的每个示例的当前损失。该方法利用了特定于检测问题的结构,其中每个 SGD 微型批处理仅包含一个或两个图像,但包含数千个候选示例。根据有利于各种高损失实例的分布对候选示例进行二次采样。梯度计算(反向传播)仍然有效,因为它仅使用所有候选对象的一小部分。

Zhou 等人[124]提出了新颖的范例,部分学习可以在线进行,但要付出一定的代价,以便针对不同的输入探针实现在线指标的适应。这里的主要挑战是,不再有积极的训练对可用于探针。通过仅利用容易获得的负样本,该方法提出了一种新颖的解决方案,可以有效地实现局部度量的自适应。对于测试时间的每个探针,它都学习严格的正半定专用局部度量。与离线全局度量学习相比,其计算成本可忽略不计。这种新的本地度量标准适应方法通常适用,因为它可以在任何全局度量标准之上使用以增强其性能。

Lin 等人[125]提出了一个深度变分度量学习(DVML)框架。利用变分推论,可以在给定图像样本的情况下,将类内方差的条件分布强制为各向同性多元高斯。具体而言,DVML 的训练过程同时受到以下 4 个损失函数的约束:① 学习分布和各向同性多元高斯之间的 KL 散度;② 原始图像和解码器生成图像的重建损失;③ 学习的类内不变性的度量学习损失;④ 采样的类内方差和学习的类内不变性组合的度量学习损失。

在早期的工作中,研究人员探讨了与分布式动态规划有关的问题[129],并使用对等通信研究了异步优化设置下 Qlearning 的收敛特性[130]。我们已经学习了一些经验,准备通过强化学习来实现负样本采样策略的学习,筛选出质量更高的负样本,并以此提高方法的总体性能。

5.2 判别性采样方法介绍

这项工作的贡献总结如下:首先,使用深度卷积网络设计了一个亲属关系识别网络。其次,提出了一种负样本采样策略的学习方式,通过强化学习来筛选更有利于网络梯度下降的样本,从而进一步提高网络性能。最后,将方法与几种不同的亲属关系识别方法进行了对比,证明了这种负样本采样策略的有效性[131]。

图 5-7 展示了强化学习采样方法的总体流程。可以看到,与常规的深度学习不同,这种方法的训练流程分为两步,分别训练两个不同的网络。第一步为强化学习网络的训练,这一步需要借助一个提前训练好的亲属关系识别网络作为评估标准。在强化学习网络训练完毕后,进行第二步训练,用这个训练好的强化学习网络来进行采样,并重新训练亲属关系识别网络。

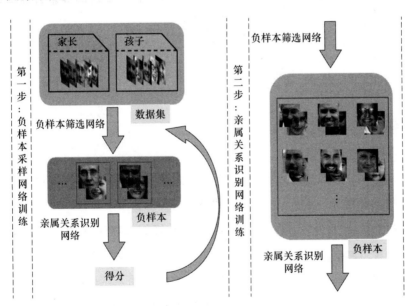

图 5-7 强化学习采样方法总流程

5.2.1 亲属关系识别网络

在设计亲属关系识别网络的时候,我们希望这个网络尽量简洁,但又具有较强的判别性。这样的设计思路主要出于两点：一是本节的核心在于研究负样本采样的有效性，亲属关系识别网络在实验中的作用主要是辅助强化学习采样网络，突出后者的性能；二是简洁的网络结构便于分析与后续改进。如果采样网络的有效性得到了证明，我们对亲属关系识别网络的改进将变得更轻松。

亲属关系识别网络的结构如图 5-8 所示。主体结构非常简洁，由 3 个卷积层和 2 个最大池化层组成。每一个卷积层的卷积核大小都是 5×5，当前层的特征大小都在图中进行了标注。整体结构上与先前局部注意力网络比较相似，并没有在网络中插入多余的模块。

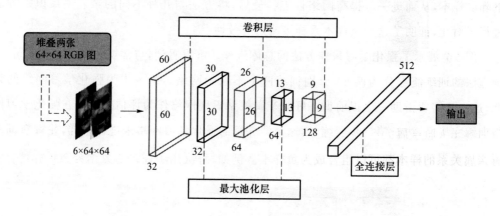

图 5-8　亲属关系识别网络结构

5.2.2　强化学习采样网络

亲属关系识别一直面临着正样本（具有亲属关系）数量较少，同时大量的负样本没有得到很好利用的问题。以 KinFaceW-Ⅱ数据集为例，该数据集共有 2 000 张图片，其中包含 1 000 对正样本，涉及 4 种亲属关系。为了获得较好的识别性能，我们分别对 4 种亲属关系进行了验证，即每个训练阶段只能使用每种亲属关系包含的 250 对人脸图像。由于我们的方法需要先将两个人脸图像堆叠在一起，然后再输入网络，所以每次训练的数据量仅为 250。实验使用了交叉验证方法，这将训练数据进一步减少到 200 个。对于深度网络，这个数据集大小非常有限。为了减轻数据集数量对亲属关系识别性能的影响，我们关注到大量尚未充分研究的数据：亲属识别中的负样本。

图 5-9 以正负样本的形式展示了 KinFaceW-Ⅱ数据集中的一些人脸图像对。左侧显示了数据集中的 3 组正样本，作为参照。可以看出，在 2 个正样本之间存在很高的特征相似度。右侧显示了数据集中的 4 组负样本，它们被分为有效和无效两种。有效的负样

本除了不具备血缘关系外,其余部分与正样本相似,不具有多余干扰因素。而无效的负样本中,往往带有一些干扰甚至错误的信息。图中展示的两组无效的负样本,第一组由两个年龄相近的人组成,显然以他们的年龄关系无法构成父母与孩子的身份。第二组的两个人则是年龄差距过大,与同类的"父女"关系相比,过大的年龄差将形成一定的干扰。

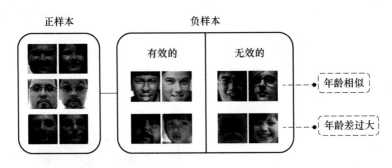

图 5-9 数据集中一些样本的展示

对于人脸亲属关系识别问题,负样本数量远远大于正样本,这是由于任意两个不含有亲属关系的样本都可以组合成为负样本。例如,每次用于训练的数据为 200 对具有亲属关系的人脸图像对,将它们随机地组合后可以获得的负样本数量为 $200 \times (200-1) =$ 39 800。可以看出,可用的负样本数量非常充足。为了平衡实验中正负样本的数量,对于每次训练,我们选择与正样本相同数量的负样本,这意味着我们需要从 39 800 个数据中筛选出 200 个数据。从这样庞大的基数中进行随机筛选无疑会选择到相当多不令人满意的样本,因此我们设计一个强化学习网络来解决样本质量的问题。

深度强化学习整体框架如图 5-10 所示。从图中可以看到,强化学习的整体框架包括两个网络,其中负样本采样网络的训练依赖于通过亲属关系识别网络构建的环境。

强化学习需要自己构建一个环境。这个环境的输入是动作,在我们的亲属关系识别问题中,这个动作指的就是一次样本挑选。环境的输出是奖励值和状态值,其中奖励代表这次动作所得到的评分,我们希望效果好的样本得到一个较高的分数。状态值代表当前的状态,也就是目前选择的样本特征。为了构建出这样一个环境,需要提前训练好一个具有足够评判能力的识别网络,为当前的动作评估出一个合理的分数。

我们使用一个评分函数 $S(x)$ 来代表每个负样本得到的评分。我们希望,对亲属关系识别网络训练过程贡献大的样本获得较高的分数,而采样网络的任务就是获取整个采样任务最高的总分。在实验中,令 $S(x) = \lambda$,其中 λ 是环境中亲属关系识别网络所得到的损失值。也就是说,更利于网络梯度下降的样本将被赋予更高的分数。

采样网络的任务是从大批量的数据中采样出用于训练的样本。输入是数据集中的

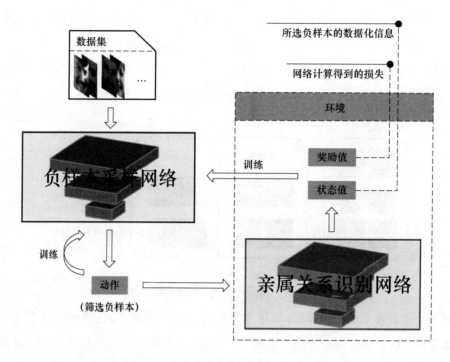

图 5-10　深度强化学习整体框架

批量数据,输出是采样目标,也就是环境中所需的动作。环境将通过这一动作得到的奖励值和状态值送回采样网络,参与损失函数的计算过程,并反馈给采样网络进行参数更新。根据每一步的动作和反馈,会计算出一个 Q 值。Q 值的更新过程如图 5-11 所示。

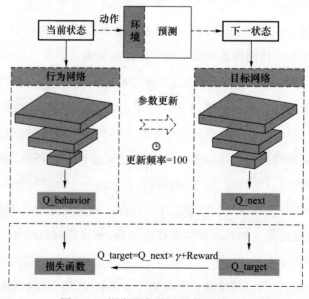

图 5-11　深度强化学习 Q 值更新过程

采样网络可以细分为两个:行为网络和目标网络。行为网络是当前状态下的网络,通过损失函数实时更新。而目标网络不会根据损失函数进行更新,它以一个固定的频率从行为网络上共享参数。在每一次训练中,先将当前的状态值输入行为网络,得到它对应的 Q 值:Q_behavior。然后,将当前的动作输入环境,得到一个预测到的下一状态,将这个新的状态值输入目标网络,得到它对应的 Q 值:Q_next。得到两个 Q 值后,利用这两个 Q 值进行损失函数计算,得到当前状态下的损失值,将其反馈给行为网络实时更新参数。之后,开始下一轮学习。

网络中 Q 值更新公式如下:

$$Q(s,a) \leftarrow Q(s,a) + \alpha[r + \gamma \max_{a'} Q(s',a')] \tag{5-1}$$

其中:α 代表实验中的学习率;r 代表环境反馈的奖励值,也就是前面提到过的评分函数 $S(x)$,实验中用亲属关系识别网络的损失函数为其赋值;γ 是奖励值的递减参数,实验中将其取为 0.9;$Q(s,a)$ 是当前状态的 Q 值,$Q(s',a')$ 是下一状态的 Q 值。

计算损失函数的公式如下:

$$\text{Target}Q = r + \gamma \max_{a'} Q(s',a';\theta) \tag{5-2}$$

$$L(\theta) = E\big[(\text{Target}Q - Q(s,a;\theta))^2\big] \tag{5-3}$$

5.3 实　　验

5.3.1 实验设置

我们进行了一系列实验,以证明我们提出的亲属关系识别系统的有效性。消融实验反映了负样本采样网络的性能,与其他方法的比较显示了我们方法的有效性和发展潜力。

遵循标准协议,首先将数据集分为 5 个部分,并通过交叉验证进行了验证。最终的实验结果是 5 个交叉验证部分的算术平均值,以验证识别率。

接下来,介绍实验涉及的两个网络参数。

(1)亲属关系识别网络

实验使用的学习率为 0.000 1,网络优化器为 Adam。我们尝试了多种学习率,通过比较发现,当学习率较低时,系统将获得更好的性能。这与选择的优化器 Adam 有关。在每次迭代中,在学习了大小为 32 的小批量数据后更新网络权重。我们的实验需要大量时间才能获得良好的性能。在 KinFaceW-Ⅰ数据集上，需要大约 60 代才能获得最佳的性能。在 KinFaceW-Ⅱ数据集上，需要大约 100 代才能获得最佳的性能。为了增强数据，将图像的尺寸从 64×64 调整为 73×73，然后使用随机裁剪方法再截取 64×64 的尺寸。除此以外，还对图像进行了随机的水平翻转。

（2）负样本采样网络

将网络的学习率设置为 0.01，网络优化器同样选择 Adam。在筛选训练样本时，每次将批处理大小为 32 的数据输入网络。通过负样本采样网络进行采样操作时，有 90% 的机会从网络输出中选择最佳项，另外还有 10% 的机会选择随机项。目标网络和行为网络之间的参数更新频率为 100。我们总共训练了 400 代，以取得更好的成绩。

5.3.2　实验结果与分析

（1）消融研究

首先，我们对实验中获得的结果进行比较分析。为了证明负样本采样网络的有效性，仅使用亲属识别网络执行了一组实验，并将实验结果与完整系统进行了比较。在 KinFaceW-Ⅰ数据集上的实验结果如表 5-1 所示，在 KinFaceW-Ⅱ数据集上的实验结果如表 5-2 所示。

仅使用亲属关系识别网络的实验记录为 KVN 方法，加入负样本采样网络的完整方法记录为 NESN-KVN。从表中可以看出，在两个数据集上进行的 4 种亲属关系识别实验中，NESN-KVN 的实验结果全部优于 KVN。

在 KinFaceW-Ⅰ数据集上，NSN-KVN 的平均结果比 KVN 高 4.9%。在 KinFaceW-Ⅱ数据集上，NESN-KVN 的平均结果比 KVN 高 2.3%。可以看出，在使用负样本采样网络对数据进行过滤之后，亲属关系识别系统的性能已得到一定程度的提高。

与 KinFaceW-Ⅱ相比，KinFaceW-Ⅰ数据集的识别率提高更为显著。我们推测这与数据集的质量有关。从实验结果可以看出，KinFaceW-Ⅱ数据集的识别率高于 KinFaceW-Ⅰ数据集，因为 KinFaceW-Ⅱ数据集的人脸图像对来自同一张照片中，更容易提取特征的相似度。

依据实验结果可以得出，在数据集上进行随机组合获得的负样本的质量较差，因此，负样本采样策略可以发挥更大的作用，可以改善验证结果。

表 5-1   KinFaceW-I 数据集上与其他方法的对比(识别率)   （%）

方法	FD	FS	MD	MS	均值
IML	67.5	70.5	72.0	65.5	68.9
MNRML	66.5	72.5	72.0	66.2	69.3
MPDFL	73.5	67.5	66.1	73.1	70.1
DMML	69.5	74.5	75.5	69.5	72.3
GA	76.4	72.5	71.9	77.3	74.5
CNNB	70.8	75.7	79.4	73.4	74.8
CNNP	71.8	76.1	84.1	78.0	77.5
KVN	69.8	70.1	81.9	72.1	73.7
NESN-KVN	**76.5**	**77.0**	**85.2**	**75.8**	**78.6**

表 5-2   KinFaceW-II 数据集上与其他方法的对比(识别率)   （%）

方法	FD	FS	MD	MS	均值
IML	74.0	74.5	78.5	76.5	75.9
MNRML	74.3	76.9	77.6	77.4	76.6
MPDFL	77.3	74.7	77.8	78.0	77.0
DMML	76.5	78.5	79.5	78.5	78.3
GA	83.9	76.7	83.4	84.8	82.2
CNNB	79.6	84.9	88.5	88.3	85.3
CNNP	81.9	89.4	92.4	89.9	88.4
KVN	82.2	86.0	89.8	88.6	86.7
NESN-KVN	**86.7**	**88.7**	**91.6**	**89.1**	**89.0**

为了更直观地显示负样本采样策略的作用,我们将一些实验结果转换为 ROC 曲线。ROC 曲线通常用于判断机器学习模型的优缺点。其水平和垂直坐标为假正率和真正率。图中的 ROC 曲线是通过实验中的最终亲属关系识别网络测得的。通常,根据 ROC 曲线下方的面积来判断模型的性能,该值介于 0.5 和 1 之间。我们简称该区域为 AUC。

图 5-12 是使用 KVN 方法在 KinFaceW-II 数据集上测量的 ROC 图,图 5-13 是使用 NESN-KVN 方法通过相同数据测量的 ROC 图。可以看出,每种亲属关系通过 NESN-KVN 方法获得的 AUC 值都大于 KVN 方法。这也证明了负样本采样策略可以提高亲属识别网络的性能。

（2）与其他方法的比较

接下来,将提出的方法与其他亲属关系识别方法进行比较。我们选择了 6 种代表性

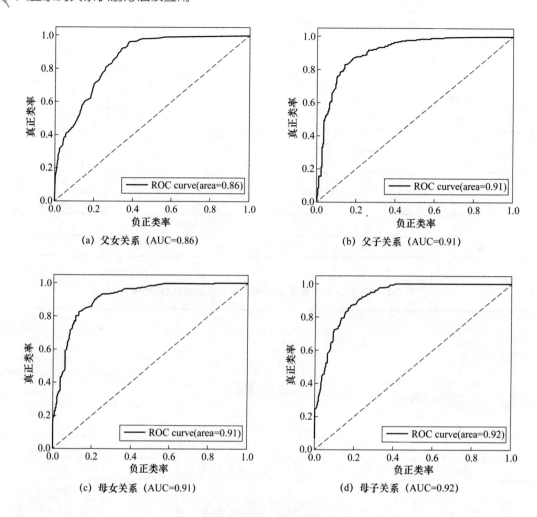

(a) 父女关系（AUC=0.86）

(b) 父子关系（AUC=0.91）

(c) 母女关系（AUC=0.91）

(d) 母子关系（AUC=0.92）

图 5-12　KVN 方法在 KinFaceW-Ⅱ数据集上的 ROC 曲线

方法：IML、MNMLL、DMML、GA、CNNB 和 CNNP。表 5-1 和表 5-2 列出了这 6 种方法的实验结果，与我们的方法进行了比较。

可以看出，我们的 NESN-KVN 方法获得了最佳的识别率。与最接近的方法 CNNP 相比，我们 NESN-KVN 方法在 KinFaceW-Ⅰ数据集上比其高了 1.1%，在 KinFaceW-Ⅱ数据集上比其高了 0.6%。

表中的 CNNB 方法类似于我们方法中的亲属关系识别网络，同样使用了深度卷积网络来解决亲属关系识别问题。可以看出，KVN 方法的识别率与 CNNB 相似。CNNP 方法基于 CNNB 进行了一些扩展。它关注局部的重要性，裁剪出人脸图像的 10 个部分，并将它们输入到具有相同结构且共享参数的 10 个网络。可以看到，我们的方法没有使用复杂的网络结构，也没有对特征进行增强，仅通过样本的优化，起到了超过特征优化方法的效果。

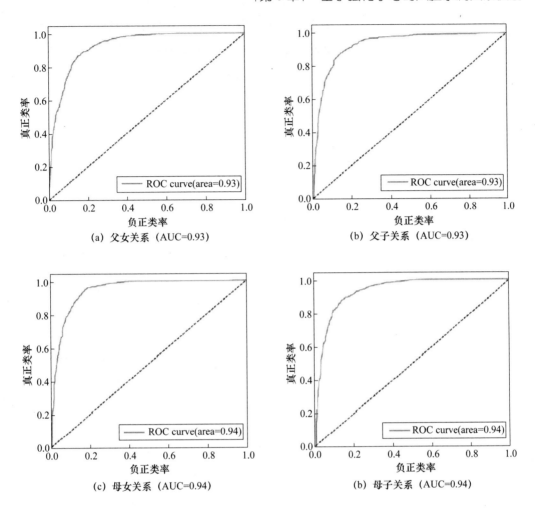

图 5-13　NESN-KVN 方法在 KinFaceW-Ⅱ数据集上的 ROC 曲线

小　结

　　本章提出了一种基于深度卷积网络和强化学习的人脸亲属关系识别方法,旨在验证负样本筛选策略在亲属关系识别方法中的重要性和有效性。首先基于深度卷积网络设计了亲属关系识别网络,以提取亲属关系图像对之间的相似特征。为了进一步提高该方法的性能,我们将重点放在经常被忽略的负样本部分上,并通过强化学习的方式设计一个负样本采样网络,以筛选出更有助于训练的样本。

　　KVN 方法和 NESN-KVN 方法之间的实验结果对比证实,筛选负样本确实可以提高亲属关系识别的准确性。与其他亲属关系识别方法的比较显示了我们方法的优秀性能。在实验中使用的亲属关系识别网络结构非常简单，并且有很大的扩展空间。更大的数据集和更有效的数据增强方法也可以提高性能。这些方面值得我们进一步探索和研究。

第6章

基于视频数据的人脸亲属关系识别

6.1　概　　述

在过去的几年里,大量研究提出了各种人脸亲属关系识别的方法,旨在通过对人脸图像进行分析提出有效的计算模型来识别亲属关系。虽然这些方法已经取得了一些较好的性能,但开发可用于自然场景下的辨别力强、有鲁棒性的亲属关系识别方法仍然是一个挑战,特别是在姿态、光照、表情、背景等变化很大的无约束环境中获取人脸图像时。

现有的亲属关系识别方法大多是根据静止的人脸图像确定亲属关系。表 6-1 列出了部分文献中的亲属关系识别方法。

表 6-1　部分文献中的亲属关系识别方法总结

方法	特点	类型	年份/年
Fang 等人[3]	局部特征表示	图像	2010
Zhou 等人[4]	局部特征表示	图像	2011
Xia 等人[5]	迁移子空间学习	图像	2012
Guo and Wang[17]	贝叶斯推理	图像	2012
Zhou 等人[13]	局部特征表示	图像	2012
Kohli 等人[15]	局部特征表示	图像	2012
Somanath 等人[6]	局部特征表示	图像	2012
Dibeklioglu 等人[16]	动态特征表示	图像	2013
Lu 等人[8]	距离度量学习	图像	2014

方法	特点	类型	年份/年
Guo 等人[10]	逻辑回归	图像	2014
Yan 等人[66]	多尺度学习	图像	2014
Yan 等人[18]	中间特征学习	图像	2015
我们的工作[31]	距离度量学习	视频	2018

通过总结和分析,我们发现,表中所列的这些亲属关系识别方法都是根据静态人脸图像确定亲属关系。与单一的静态图像相比,人脸视频提供了更多的信息来描述人脸的外观。它可以从不同的姿势、表情和光照中捕捉目标人脸。此外,由于在公共区域安装了大量的监控摄像头,因此在实际应用中拍摄人脸视频更容易。因此,利用人脸视频来确定亲属关系已逐渐成为本领域中一个新的研究热点。但是,由于人脸视频的类内变化通常大于单张人脸图像,因此如何提取人脸视频中的鉴别信息也是一个挑战。

为了研究基于视频数据的人脸亲属关系识别问题,我们分别使用了度量学习和卷积神经网络两种机器学习的方法对基于成对视频数据的人脸亲属关系识别,以及基于三元组视频数据的人脸亲属关系识别进行了研究,期望所得到的结果可以为本领域研究人员提供一些可利用的信息。

6.2 基于成对视频数据的人脸亲属关系识别方法

基于视频的人脸亲属关系识别虽然已有学者研究,但与基于图像相比,研究成果的数量还是比较有限的。一个主要的原因是人脸亲属关系视频数据较少。为了改善这一情况,我们建立了一个新的人脸亲属关系视频数据集,称为自然场景人脸亲属关系视频(KFVW)数据集,用于基于成对视频数据的人脸亲属关系识别研究以及基准测试[31]。

另外,我们进行了基准评估,与几种基于度量学习的亲属关系识别方法进行了对比[31]。这些度量学习方法主要分为无监督和有监督两类。第一类方法学习低维流形来保持数据点的几何结构,第二类方法寻求合适的距离矩阵来利用样本的鉴别信息。

通过前面章节的介绍,我们知道,应用于亲属关系识别的度量学习方法大多数是强监督的,需要样本的精确标签信息。而对于亲属关系识别任务,更容易获得弱监督的样本,因此有必要采用和评价弱监督方法进行亲属关系识别的性能 。

实验结果证明了我们建立的数据集的有效性,以及现有的用于视频人脸亲属关系识别的度量学习方法的有效性。最后,我们还使用人脸视频测试了人类观察者的亲属关系识别能力,实验结果表明基于度量学习的方法在识别性能上要略低于人类观察者。

文献中提出了多种基于视频的人脸分析方法,这些方法主要分为参数法[132,133]和非参数法[134-136]。参数法将每个人脸视频表示为一个概率分布的参数族,并利用 Kullback-Leibler 算法来度量两个人脸视频的相似性。但是,当基本分布假设不适用于不同的人脸视频时,这些方法往往无法正常工作。非参数法通常利用几何信息来度量两个人脸视频的相似性,将每个视频建模为一个线性子空间或线性子空间的并集。虽然已经提出了各种基于视频的人脸识别方法,但是基于视频的人脸亲属关系识别的研究十分有限,这可能是由于缺乏相应的数据集导致的。因此,我们建立了一个可用于亲属关系识别的视频数据集。

6.2.1　人脸亲属关系视频数据集建立

在过去的几年中,一些用于亲属关系识别的人脸数据集被发布出来,如 Cornell KinFace、UB KinFace、IIITD、Family101、KinFaceW-Ⅰ、KinFaceW-Ⅱ、TSKinFace、FIW、LarG-KinFace 等数据集。这些数据集我们在本书的第 1 章中已经做了介绍。这里再将它们的一些基本信息单独列出来进行对比,如表 6-2 所示。这些数据集只包含静态人脸图像,其中部分数据集的每个对象通常含有一张单一的人脸图像。由于人脸在不同情况下变化很大,单张静止人脸图像可能不足以鉴别人类亲属关系。为了解决这些不足,我们建立了自然场景亲属人脸视频(KFVW)数据集,用于基于视频的亲属关系识别研究。与静止图像相比,人脸视频提供了更多的信息来描述人脸的外观,如不同的姿态、表情和光照等。

表 6-2　部分用于亲属关系识别的人脸数据集

数据集	亲属对数	类型	年份/年
Cornell KinFace	150	图像	2010
UB KinFace	400	图像	2012
ⅢTD Kinship	272	图像	2012
Family101	206(家庭)	图像	2013
KinFaceW-Ⅰ	533	图像	2014
KinFaceW-Ⅱ	1 000	图像	2014
TSKinFace	2 030	图像	2015

数据集	亲属对数	类型	年份/年
FIW	1 000(家庭)	图像	2016
LarG-KinFace	3 000	图像	2018
KFVW	418	视频	2018

KFVW 数据集是通过互联网上的电视节目收集的。我们总共收集了 418 对人脸视频，每个视频包含 100～500 帧，在姿态、光照、背景、遮挡、表情、妆容、年龄等方面都有较大的变化，一个视频帧的平均大小约为 900×500 像素。KFVW 数据集有 4 种亲属关系类型：父子(FS)、父女(FD)、母子(MS)和母女(MD)，分别有 107、101、100 和 110 对人脸视频。

6.2.2　方法介绍

度量学习研究的是如何从一组训练数据中寻找一个合适的距离度量的问题。依据参考文献[137]中使用的评估和设置，我们选取了几种性能较好的距离度量学习方法作为研究视频人脸亲属关系识别问题的基本方法。这些度量学习方法包括信息理论度量学习(ITML)[138]、基于边信息的线性判别分析(SILD)[139]、KISS 度量学习(KISSME)[140]和余弦相似度量学习(CSML)[54]几种方法。本节将简要介绍这些度量学习方法。

(1) ITML

设 $X = [x_1, x_2, \cdots, x_N] \in \mathbf{R}^{d \times N}$ 是一个由 N 个数据点组成的训练集，常用的距离度量学习方法的目的是寻找一个半正定(PSD)矩阵 $M \in \mathbf{R}^{d \times d}$，在该矩阵下，两个数据点 x_i 和 x_j 的马氏距离平方可由以下公式计算：

$$d_M^2(X_i, X_j) = (X_i - X_j)^\mathrm{T} M(X_i - X_j) \tag{6-1}$$

其中，d 是数据点 x_i 的维数。

信息论度量学习(ITML)是一种典型的度量学习方法，它利用多元高斯分布和马氏分布的关系来推广正则欧氏距离。ITML 方法的基本思想是在正样本对(或相似对)的平方距离 $d_M^2(X_i, X_j)$ 小于正阈值 τ_p，而负样本对(或不相似对)的平方距离大于正阈值 τ_n 的约束下，通过最小化两个矩阵之间的 LogDet 散度，找到一个 PSD 矩阵 M 来逼近预定的矩阵阈值 M_0，$\tau_n > \tau_p > 0$。

通过对所有成对的训练集使用此约束，ITML 可以表示为以下 LogDet 优化问题：

$$\min_{\boldsymbol{M}} D_{ld}(\boldsymbol{M},\boldsymbol{M}_0) = \mathrm{tr}(\boldsymbol{M}\boldsymbol{M}_0^{-1}) - \log\det(\boldsymbol{M}\boldsymbol{M}_0^{-1}) - d$$

$$\mathrm{s.\,t.}\ d_{\boldsymbol{M}}^2(\boldsymbol{X}_i,\boldsymbol{X}_j) \leqslant \tau_p,\ \forall\, l_{ij} = 1$$

$$d_{\boldsymbol{M}}^2(\boldsymbol{X}_i,\boldsymbol{X}_j) \geqslant \tau_n,\ \forall\, l_{ij} = -1 \tag{6-2}$$

其中,预定义的度量 $\boldsymbol{M}_0$ 被设置为单位矩阵,$\mathrm{tr}(\boldsymbol{A})$ 是一个平方矩阵 $\boldsymbol{A}$ 的运算,l_{ij} 表示一对数据点 x_i 和 x_j 的成对标签,对于正样本对(有亲属关系)被标记为 $l_{ij} = 1$,对于负样本对(没有亲属关系)被标记为 $l_{ij} = -1$ 。

在实验过程中,为了解决优化问题(6-2),采用迭代 Bregman 投影,通过以下方案将当前解决方案投影到单个约束上:

$$\boldsymbol{M}_{t+1} = \boldsymbol{M}_t + \beta\boldsymbol{M}_t(\boldsymbol{X}_i - \boldsymbol{X}_j)(\boldsymbol{X}_i - \boldsymbol{X}_j)^{\mathrm{T}}\boldsymbol{M}_t \tag{6-3}$$

其中,β 是一个投影变量,由一对数据点的学习率和成对标签控制。

(2) SILD

基于边信息的线性判别分析(SILD)利用数据点对的边信息,在训练集中利用正样本对估计类内散度矩阵 $\boldsymbol{C}_p$,利用负样本对估计类间散度矩阵 $\boldsymbol{C}_n$:

$$\boldsymbol{C}_p = \sum_{l_{ij}=1}(\boldsymbol{X}_i - \boldsymbol{X}_j)(\boldsymbol{X}_i - \boldsymbol{X}_j)^{\mathrm{T}} \tag{6-4}$$

$$\boldsymbol{C}_n = \sum_{l_{ij}=-1}(\boldsymbol{X}_i - \boldsymbol{X}_j)(\boldsymbol{X}_i - \boldsymbol{X}_j)^{\mathrm{T}} \tag{6-5}$$

然后,SILD 通过求解优化问题学习判别线性投影 $\boldsymbol{W} \in \boldsymbol{R}^{d\times m}$, $m \leqslant d$:

$$\max \frac{\det(\boldsymbol{W}^{\mathrm{T}}\boldsymbol{C}_n\boldsymbol{W})}{\det(\boldsymbol{W}^{\mathrm{T}}\boldsymbol{C}_p\boldsymbol{W})} \tag{6-6}$$

通过对角化 $\boldsymbol{C}_p$ 和 $\boldsymbol{C}_n$:

$$\boldsymbol{C}_p = \boldsymbol{U}\boldsymbol{D}_P\boldsymbol{U}^{\mathrm{T}}(\boldsymbol{U}\boldsymbol{D}_p^{-1/2})\boldsymbol{C}_p(\boldsymbol{U}\boldsymbol{D}_p^{-1/2}) = \boldsymbol{I} \tag{6-7}$$

$$(\boldsymbol{U}\boldsymbol{D}_p^{-1/2})\boldsymbol{C}_n(\boldsymbol{U}\boldsymbol{D}_p^{-1/2}) = \boldsymbol{V}\boldsymbol{D}_n\boldsymbol{V}^{\mathrm{T}} \tag{6-8}$$

投影矩阵 $\boldsymbol{W}$ 可计算为:

$$\boldsymbol{W} = \boldsymbol{U}\boldsymbol{D}_p^{-1/2}\boldsymbol{V} \tag{6-9}$$

其中,矩阵 $\boldsymbol{U}$ 和 $\boldsymbol{V}$ 是正交的,矩阵 $\boldsymbol{D}_p$ 和 $\boldsymbol{D}_n$ 是对角的。

在变换子空间中,一对数据点 x_i 和 x_j 的欧氏距离平方通过以下公式计算:

$$\begin{aligned} d_{\boldsymbol{W}}^2(\boldsymbol{X}_i,\boldsymbol{X}_j) &= \|\boldsymbol{W}^{\mathrm{T}}\boldsymbol{x}_i - \boldsymbol{W}^{\mathrm{T}}\boldsymbol{x}_j\|_2^2 \\ &= (\boldsymbol{X}_i - \boldsymbol{X}_j)^{\mathrm{T}}\boldsymbol{M}(\boldsymbol{X}_i - \boldsymbol{X}_j) \\ &= (\boldsymbol{X}_i - \boldsymbol{X}_j)^{\mathrm{T}}\boldsymbol{W}\boldsymbol{W}^{\mathrm{T}}(\boldsymbol{X}_i - \boldsymbol{X}_j) \end{aligned} \tag{6-10}$$

这个距离相当于计算原始空间中马氏距离的平方,得到 $\boldsymbol{M} = \boldsymbol{W}\boldsymbol{W}^{\mathrm{T}}$ 。

（3）KISSME

KISSME(Keep It Simple and Straightforward Metric Learning)方法旨在从统计推断的角度学习距离度量。KISSME 采用似然比检验的方法，对一对数据点 x_i 和 x_j 是否为异/负进行统计决策。假设 H_0 表示一对数据点不同，假设 H_1 表示这对数据点相似。对数似然率如下所示：

$$\delta(\boldsymbol{X}_i, \boldsymbol{X}_j) = \log\left(\frac{p(\boldsymbol{X}_i, \boldsymbol{X}_j \mid H_0)}{p(\boldsymbol{X}_i, \boldsymbol{X}_j \mid H_1)}\right) \tag{6-11}$$

其中，$p(\boldsymbol{X}_i, \boldsymbol{X}_j \mid H_0)$ 是假设 H_0 下一对数据点的概率分布函数。

如果 $\delta(\boldsymbol{X}_i, \boldsymbol{X}_j)$ 大于一个非负常数，则接受假设 H_0；反之，则拒绝假设 H_0，说明这一对数据相似。通过将两两差值 $z_{ij} = x_i - x_j$ 的单一高斯分布来解决问题(6-11)，$\delta(\boldsymbol{X}_i, \boldsymbol{X}_j)$ 可以简化为：

$$\delta(\boldsymbol{X}_i, \boldsymbol{X}_j) = (\boldsymbol{X}_i - \boldsymbol{X}_j)^{\mathrm{T}} (\boldsymbol{C}_p^{-1} - \boldsymbol{C}_n^{-1})(\boldsymbol{X}_i - \boldsymbol{X}_j) \tag{6-12}$$

其中，协方差矩阵 $\boldsymbol{C}_p$ 和 $\boldsymbol{C}_n$ 由式(6-4)和式(6-5)进行计算。

为了得到 PSD Mahalanobis 矩阵 M，KISSME 通过特征值分解方案对 $\hat{M}$ 的谱进行削波，将 $\hat{\boldsymbol{M}} = \boldsymbol{C}_p^{-1} - \boldsymbol{C}_n^{-1}$ 投影到半正定矩阵 $\boldsymbol{M}$ 的半正定锥上。

（4）CSML

与上述 3 种度量学习方法不同，余弦相似度量学习（CSML）方法希望通过实现一个 $m \leqslant d$ 时 $\boldsymbol{W} \in \boldsymbol{R}^{d \times m}$ 的变换来计算变换子空间中一对数据点的余弦相似性：

$$\begin{aligned} \mathrm{cs}_{\boldsymbol{W}}(\boldsymbol{X}_i, \boldsymbol{X}_j) &= \frac{(\boldsymbol{W}^{\mathrm{T}} \boldsymbol{x}_i)^{\mathrm{T}} (\boldsymbol{W}^{\mathrm{T}} \boldsymbol{x}_j)}{\| \boldsymbol{W}^{\mathrm{T}} \boldsymbol{x}_i \| \ \| \boldsymbol{W}^{\mathrm{T}} \boldsymbol{x}_j \|} \\ &= \frac{\boldsymbol{x}_i^{\mathrm{T}} \boldsymbol{W} \boldsymbol{W}^{\mathrm{T}} \boldsymbol{x}_j}{\sqrt{\boldsymbol{x}_i^{\mathrm{T}} \boldsymbol{W} \boldsymbol{W}^{\mathrm{T}} \boldsymbol{x}_i} \ \sqrt{\boldsymbol{x}_j^{\mathrm{T}} \boldsymbol{W} \boldsymbol{W}^{\mathrm{T}} \boldsymbol{x}_j}} \end{aligned} \tag{6-13}$$

为了获得 $\boldsymbol{W}$，CSML 将交叉验证误差最小化，并计算以下目标函数：

$$\max_{\boldsymbol{W}} F(\boldsymbol{W}) = \sum_{l_{ij}=1} \mathrm{cs}_{\boldsymbol{W}}(\boldsymbol{x}_i, \boldsymbol{x}_j) - \alpha \sum_{l_{ij}=-1} \mathrm{cs}_{\boldsymbol{W}}(\boldsymbol{x}_i, \boldsymbol{x}_j) - \boldsymbol{\beta} \| \boldsymbol{W} - \boldsymbol{W}_0 \|^2 \tag{6-14}$$

其中，$\boldsymbol{W}_0$ 是一个先验矩阵，α 表示加权系数，是一个非负常数，表示正样本对和负样本对对矩阵的贡献，β 用于平衡正则化项 $\| \boldsymbol{W} - \boldsymbol{W}_0 \|^2$。

最后，采用基于梯度的方法求解 $\boldsymbol{W}$。求解 CSML 方法的更多细节可参考文献[54]。

6.2.3 实验

在这一部分中，我们在 KFVW 数据集上评估了用于基于视频的亲属关系识别的几种度量学习方法,并提供了该数据集上的一些基线结果。

1. 实验设置

对于视频,我们首先使用参考文献[141]中描述的人脸检测器在每一帧中检测出感兴趣的人脸区域,然后调整每个人脸区域的大小并将其裁剪为 64×64 像素。

在实验中,如果一个视频的帧数超过 100 帧,设定随机检测 100 帧。所有被裁剪的人脸图像需要先转换成灰度图像,然后再提取这些图像的局部二值模式(LBP)。对于一个视频的每一张人脸图像,首先将其分成 8×8 个非重叠块,每个块的大小为 8×8 像素,然后为每个块提取一个 59-bin 均匀模式 LBP 直方图,并将所有块的直方图串联起来,形成一个 3 776 维的特征向量。为了得到每个人脸视频的特征表示,我们对视频中所有帧的特征向量进行平均,得到平均特征向量。然后,采用主成分分析(PCA)将每个向量的维数降到 100 维。

每种亲属关系使用了数据库中所有的正样本对(具有亲属关系的一对人脸视频),并构造了相同数量的负样本对(不具有亲属关系的一对人脸视频)。具体来说,一组负样本对由两个视频组成,父母的视频在父母的视频集中随机选择,孩子的视频从不是所选父母的真实孩子的视频集中随机选择。

对于每种亲属关系,我们随机地抽取 80% 的视频对进行训练,剩余 20% 的视频对用于测试。重复这一过程 10 次,并记录用于性能评估的 ROC 曲线。在该曲线下,采用两个指标,具体包括等错误率(EER)和 ROC 曲线下面积(AUC)来评价用于视频人脸亲属关系识别的常用度量学习方法的性能。其中,EER 值越小,或是 AUC 值越大,都可说明所验证算法在人脸亲属关系识别中展现了较好的性能。

2. 结果与分析

(1)不同度量学习方法的比较

我们首先评估了几种基于 LBP 特征的用于视频人脸亲属关系识别的度量学习方法,在 KFVW 数据集上对几种方法进行了比较。用于对比的方法包括欧氏方法、ITML 方法[138]、SILD 方法[139]、KISSME 方法[140]和 CSML 方法[54]。欧氏方法利用原始空间中的欧氏距离来计算一对人脸视频之间的相似性或相异性。表 6-3 显示了在 KFVW 数据集上使用 LBP 特征的几种度量学习方法的 EER 和 AUC。

表 6-3　利用 LBP 特征的度量学习方法在 KFVW 数据集的对比结果　　　　（%）

方法	测量	FS	FD	MS	MD	均值
欧氏方法	EER	43.81	48.0	43.50	44.09	44.87
	AUC	60.49	56.02	57.83	58.91	58.31
ITML	EER	42.86	44.29	40.50	**42.73**	42.59
	AUC	59.11	56.79	61.50	**63.08**	60.12
SILD	EER	42.86	**42.86**	43.00	44.09	43.20
	AUC	62.64	**60.71**	58.47	59.04	60.21
KISSME	EER	40.00	44.76	43.50	42.73	42.75
	AUC	63.68	60.06	57.08	58.56	59.85
CSML	EER	**38.57**	47.14	**38.50**	43.18	**41.85**
	AUC	**66.23**	57.11	**64.36**	59.62	**61.83**

从表中可以看出：

① CSML 在平均 EER 和平均 AUC 方面获得了最佳性能，并且在 FS 和 MS 子集上实现了最佳的 EER 和 AUC。

② ITML 在 MD 子集上显示了最佳性能。

③ SILD 在 FD 子集上获得了最佳 EER 和 AUC。

④ 所有基于度量学习的方法，即 ITML、SILD、KISSME 和 CSML 在 EER 和 AUC 方面都优于欧氏方法。

⑤ 与其他 3 个子集相比，大多数方法在 FS 子集上的性能最好。

⑥ 最佳 EER 为 38.57%，说明基于视频的人脸亲属关系识别存在着较大的挑战性。

此外，图 6-1 展示了以上几种度量学习方法以 LBP 作为特征在 KFVW 数据集上的 ROC 曲线。从图中同样可以得出如上的结论。

（2）不同特征描述符的比较

为了验证不同特征描述符在视频人脸亲属关系识别中的性能，我们从两个不同的尺度为每张裁剪的人脸图像提取了方向梯度直方图（HOG）[142]。具体来说，首先将每幅图像分成 16×16 个非重叠块，每个块的大小为 4×4 像素。然后，将每幅图像分成 8×8 个非重叠块，每个块的大小为 8×8 像素。随后，为每个块提取一个 9 维 HOG 特征，并将所有块的 HOG 连接起来，形成一个 2 880 维的特征向量。接着采取与上文 LBP 相同的特征提取过程，对于裁剪的人脸视频，选用该视频中所有帧的平均特征向量作为最终特征表示。最后，利用主成分分析将每个向量的维数降到 100 维。

表 6-4 展示了 KFVW 数据集上使用 HOG 特征的几种度量学习方法的 EER 和 AUC。

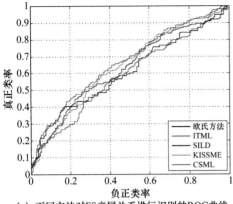

(a) 不同方法对FS亲属关系进行识别的ROC曲线，
图中曲线从上至下依次为CSML、KISSME、
SILD、ITML、欧氏方法（横坐标0.4处）

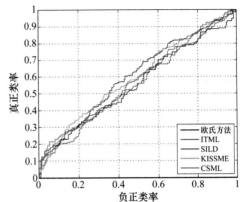

(b) 不同方法对FD亲属关系进行识别的ROC曲线，
图中曲线从上至下依次为SILD、KISSME、
CSML、ITML、欧氏方法（横坐标0.4处）

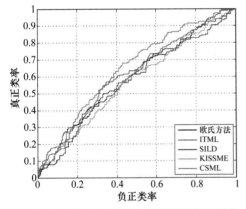

(c) 不同方法对MS亲属关系进行识别的ROC曲线，
图中曲线从上至下依次为CSML、ITML、
欧氏方法、SILD、KISSME（横坐标0.4处）

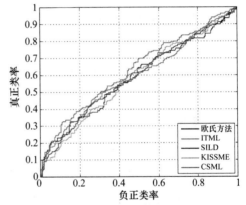

(d) 不同方法对MD亲属关系进行识别的ROC曲线，
图中曲线从上至下依次为ITML、CSML、
欧氏方法、SILD、KISSME（横坐标0.4处）

图 6-1　基于 LBP 特征的度量学习方法在 KFVW 数据集上识别 4 种亲属关系的 ROC 曲线

表 6-4　利用 HOG 特征的度量学习方法在 KFVW 数据集的对比结果　　　　　（％）

方法	测量	FS	FD	MS	MD	均值
欧氏方法	EER	47.14	47.62	45.00	42.73	45.62
	AUC	56.44	54.85	54.84	59.30	56.36
ITML	EER	47.14	48.10	45.00	**41.82**	45.51
	AUC	55.98	54.09	57.09	59.08	56.56
SILD	EER	43.33	**43.81**	**42.00**	43.18	**43.08**
	AUC	**59.66**	57.04	59.68	59.74	**59.03**
KISSME	EER	44.76	44.29	43.00	45.91	44.49
	AUC	58.39	**57.85**	**61.04**	56.77	58.51

方法	测量	FS	FD	MS	MD	均值
CSML	EER	**42.86**	47.62	45.00	44.09	44.89
	AUC	59.51	56.07	59.76	**59.79**	58.78

从表中可以看出：

① SILD 在平均 EER 和平均 AUC 方面取得了最好的性能,并且在 FD 和 MS 子集上也取得了最好的 EER。

② KISSME 在 FD 和 MS 子集上取得了最好的 AUC。

③ 通过表 6-3 和表 6-4 的比较,我们发现使用 LBP 特征的度量学习方法在平均 EER 和平均 AUC 方面优于使用 HOG 特征的相同方法。这可能是因为 LBP 特征能够更好地捕捉到人脸图像的局部纹理特征,比 HOG 特征提取的梯度特征更有助于提高基于视频的亲属关系识别的性能。

图 6-2 展示了使用 HOG 特征的这些度量学习方法识别 4 种亲属关系的 ROC 曲线。从图中同样可以得出如上的结论。

（3）参数分析

我们研究了不同维度的 LBP 特征如何影响这些所对比的度量学习方法的性能。图 6-3～图 6-6 分别显示了利用不同维度 LBP 特征的 ITML、SILD、KISSME 和 CSML 方法在 KFVW 数据集上的 EER 和 AUC。

从图中可以看出：

① ITML 和 CSML 方法通过将 LBP 特征的维数从 10 增加到 100,在 4 个子集（即 FS、FD、MS 和 MD）上显示出相对稳定的 AUC。

② SILD 和 KISSME 方法在 30 维处获得最佳 AUC,然后随着 LBP 特征维数逐渐增加到 100,AUC 逐渐降低。

因此,为了保证方法对比公平性,在维数取 30 时在 4 种亲属关系子集上对所选的度量学习方法进行了 EER 和 AUC 的对比。

（4）运算成本

我们用 MATLAB 代码在标准 Windows 机器（Intel i5-3470 CPU @ 3.20 GHz, and 32GB RAM）上进行了实验。给定一个人脸视频,检测一帧感兴趣的人脸区域大约需要 0.9 s,提取 64×64 大小的人脸图像的 LBP 特征大约需要 0.02 s。在模型训练中,ITML、SILD、KISSME 和 CSML 方法的训练时间分别为 9.6 s、0.6 s、0.7 s 和 6.5 s。在测试中,

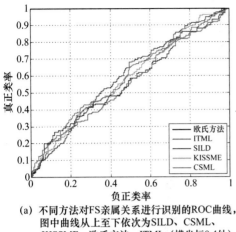

(a) 不同方法对FS亲属关系进行识别的ROC曲线，图中曲线从上至下依次为SILD、CSML、KISSME、欧氏方法、ITML（横坐标0.4处）

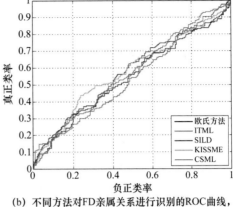

(b) 不同方法对FD亲属关系进行识别的ROC曲线，图中曲线从上至下依次为SILD、KISSME、CSML、欧氏方法、ITML（横坐标0.4处）

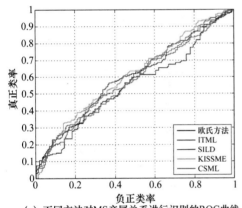

(c) 不同方法对MS亲属关系进行识别的ROC曲线，图中曲线从上至下依次为SILD、KISSME、CSML、ITML、欧氏方法（横坐标0.4处）

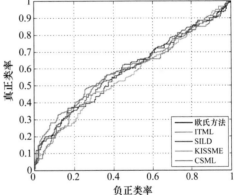

(d) 不同方法对MD亲属关系进行识别的ROC曲线，图中曲线从上至下依次为ITML、CSML、SILD、欧氏方法、KISSME（横坐标0.4处）

图 6-2　基于 HOG 特征的度量学习方法在 KFVW 数据集上识别 4 种亲属关系的 ROC 曲线

这些方法对一对人脸视频的匹配时间约为 0.02 s（不包括人脸检测和特征提取的时间）。

从实验结果可以看出，SILD 和 KISSME 方法与其他方法相比在模型训练过程中所用时间较少，运算成本较低。

（5）与人类观察者进行亲属关系识别能力对比

为了更好地评估计算机进行人脸亲属关系识别的性能，我们还测试了人类观察者在 KFVW 数据集上进行视频人脸亲属关系识别的能力。对于每种亲属关系，随机地选择 20 对正样本和 20 对负样本的人脸视频，将这些视频对展示给 10 名测试者，以确定他们之间是否存在亲属关系。这些测试者由 5 名男生和 5 名女生组成，年龄从 18 岁到 25 岁不等，他们没有进行过任何视频人脸亲属关系识别的培训。

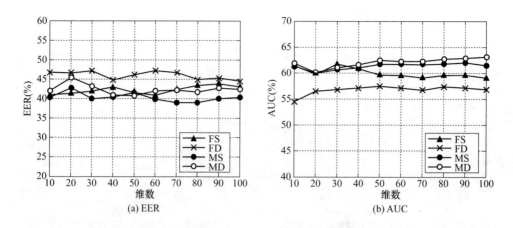

图 6-3 使用不同维度 LBP 特征的 ITML 方法在 KFVW 数据集上的 EER 和 AUC

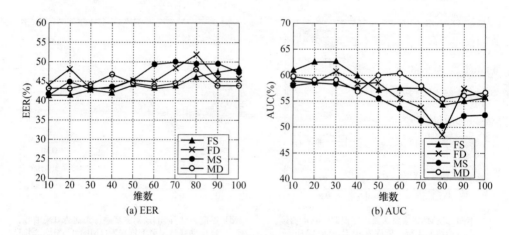

图 6-4 使用不同维度 LBP 特征的 SILD 方法在 KFVW 数据集上的 EER 和 AUC

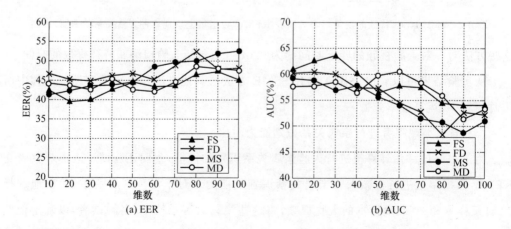

图 6-5 使用不同维度 LBP 特征的 KISSME 方法在 KFVW 数据集上的 EER 和 AUC

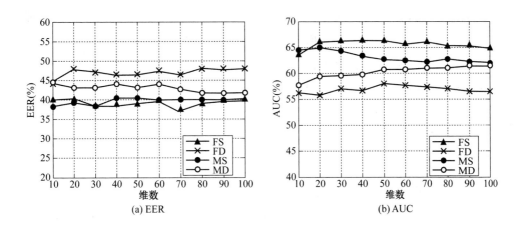

图 6-6 使用不同维度 LBP 特征的 CSML 方法在 KFVW 数据集上的 EER 和 AUC

我们设计了两个测试(即测试 A 和测试 B)来检验人类观察者进行视频人脸亲属关系识别的能力。在测试 A 中,将只包含人脸区域的视频对提供给测试者,测试者根据 64×64 像素大小的被检测人脸区域进行决策。在测试 B 中,将原始人脸视频对呈现给测试者,测试者可以利用整个视频中的多种线索,如肤色、头发、种族、背景等,进行决策。

表 6-5 列出了人类观察者在 KFVW 数据集上进行不同类型亲属关系识别的平均识别准确率。我们发现测试 B 在 4 种亲属关系上的表现优于测试 A。主要因为测试 B 可以利用更多的线索,如头发、背景等,有利于提升亲属关系识别性能。从表中可以看到,在 KFVW 数据集上人类观察者比基于度量学习的方法展示了更好的识别能力。

表 6-5 人类观察者在 KFVW 数据集上进行亲属关系识别的平均识别准确率(识别率) (%)

方法	FS	FD	MS	MD	均值
测试 A	70.50	66.50	67.50	70.00	68.63
测试 B	75.00	70.50	73.00	73.50	73.00

3. 讨论

根据以上结果我们可以得到以下结论:

① 在基于视频的人脸亲属关系验证中,最新的度量学习方法优于基于预定义度量的方法(即欧氏距离)。这是因为度量学习方法可以从训练数据中学习距离度量,从而在学习的度量空间中增加正样本的相似度,减少负样本的相似度。

② LBP 特征在基于视频的人脸亲属关系验证中表现出比 HOG 特征更好的性能。这可能是因为 LBP 可以对人脸图像的局部纹理特征进行表征,比 HOG 提取的梯度特征更有效,有助于提高基于视频的人脸亲属关系识别的性能。

③ 度量学习方法和人类观察者在 FD 子集上的性能较其他 3 种关系差,这表明在 FD 子集上的亲属关系识别是一项更具挑战性的任务。

④ 度量学习方法在本节的实验中最佳 EER 为 38.5%,说明基于视频的人脸亲属关系识别研究具有较大的提升空间和难度。

6.2.4　结论

本节研究了基于视频的人脸亲属关系识别问题。为了给研究此方向的科研工作者提供一个平台,我们建立了一个新的人脸视频数据集——自然场景亲属关系人脸视频(KFVW)数据集。它是在自然场景条件下对含有人脸区域的视频进行采集和存储,扩大了现有的可用于研究此问题的数据库规模。

接下来,我们评估和比较了几种基于度量学习的亲属关系识别方法的性能,评估成果可以为进行这一研究方向的研究人员提供一些启示和参考。最后,我们还测试了人类识别亲属关系的能力。实验结果证明了我们提出的数据集的有效性,同时也验证了现有的基于度量学习的视频人脸亲属关系识别方法的有效性。我们还发现,所对比的几种度量学习的计算方法的性能低于人类观察者的能力。

6.3　基于三元组视频数据的人脸亲属关系识别方法

在本书的绪论部分,我们提到基于遗传学原理,从长相来说,孩子可能长得更像父亲,也可能更像母亲,也可能父母都像。如果在人脸亲属关系识别问题上,我们通过一组家庭成员的数据(同时包括孩子和父母的数据)来研究,是不是能够对识别性能的提升有所帮助呢? 在这个想法的提示下,我们建立了一个新的人脸家庭亲属关系视频数据库,里面每一组的视频短片分别来自每一个家庭的 3 个成员,包括孩子和他们的父母[30]。以此研究基于三元组视频数据的人脸亲属关系识别。

与此同时,卷积神经网络(CNN)在多个计算机识别领域,如语音识别、图像识别等领域,取得了突破性的进展。考虑到 CNN 的良好性能,我们研究了应用卷积神经网络识别基于三元组视频数据的人脸亲属关系问题[30]。

6.3.1 数据集

为了获得精确的机器学习结果,数据集的采集和建立是基于视频的人脸亲属关系识别研究的一个重要方面。一个大规模、高质量的视频数据集比基于图像的数据集能产生更好的学习效果,因为它提供了更多的与时间相关的数据。基于此方面的考量,我们构建了可用于家庭亲属关系识别的人脸视频数据集:Familyship Face Videos in the Wild (FFVW)。

这个数据集和我们 6.2 节建立的 KFVW 数据集不同,它包含了同一个家庭 3 名成员的视频数据。我们收集了 100 组来自不同家庭的视频,每一组包含父亲、母亲和孩子 3 个独立的视频。这些视频中有近 80% 来自网上的名人视频,主要为其及家庭成员公开接受采访,或一起参加电视节目的视频;另外 20% 来自现实生活中的拍摄,由我们的志愿者拍摄制作。FFVW 数据集包含的人脸个体在姿态、表情、年龄、光照等方面表现出了极大的不同,展现了自然场景的复杂性。

FFVW 数据集是一个基于视频的家庭亲属关系人脸数据集。该数据集按家庭分组。每组数据样本的标签由"父亲 1""母亲 1""儿童 1"等标识组成。每组有 3 个标签,每个标签的视频都是一个 5~60 s 长的短视频,其中包含来自中心视图的具有相同大小和分辨率的候选人脸。这些视频共有 100 组,构成了 FFVW 的基本数据集,这些数据集是在自然条件下采集的。

6.3.2 数据预处理

基于视频的数据集提供了丰富的信息,为了使采用的机器学习方法可以展现其最好的性能,首先对数据进行了预处理,具体步骤如下。

（1）对视频进行人工筛选

在对视频数据进行提取关键帧之前,首先人工检查了每组视频,以消除数据集中的潜在错误。例如,模糊、家庭关系不确定、视频质量差,或在数据集生成过程中发生其他错误的视频组都被手工剔除。在整个屏幕中,人脸可见区域不到 10% 的视频也被删除或替换。经过整个筛选和替换过程后,数据集最终包含 100 组（300 个）视频。

（2）从视频中提取关键帧

对视频数据进行处理和分析的一个通用方法就是提取关键帧,然后再对关键帧以及它们之间的关系进行特征提取和识别。具体将可变长度的视频减少到可以代表整个视频的几个关键帧，我们采用了基于视频聚类的 k 均值提取算法[143]得到视频的几帧图像。

6.3.3 实验设置及步骤

实验部分包含 4 个步骤，如图 6-7 所示，具体为：人脸检测、人脸对齐、特征提取及识别、结果输出。数据集中 60% 的数据为训练集，20% 的数据为开发集，剩余的 20% 为测试集。为了保证结果的有效性，整个实验随机对数据进行划分，往复 5 次后取平均作为最终的实验结果。

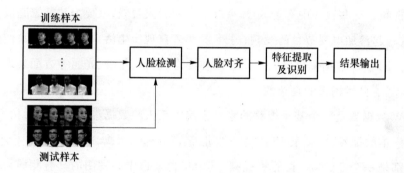

图 6-7　亲属关系识别流程

（1）人脸检测

由于人脸亲属关系识别方法的输入通常为数据样本中的人脸区域，在识别算法使用之前，需要使用人脸检测算法将视频关键帧中的人脸图像区域检测并提取出来，作为后续识别算法的输入。图 6-8 展示了人脸检测算法的结果。可以看到，我们选用的人脸检测算法，在不同光照、表情和姿态的情况下都可以将人脸区域检测出来，为亲属关系识别的性能提供了一定保障。

（2）人脸对齐

人脸检测之后，还需要将人脸区域进行特征对齐。人脸特征对齐中一个重要步骤为关键点位置的确定。眼睛、鼻尖、嘴角点、眉毛以及人脸轮廓点等都可以定义为人脸的关键特征点。我们应用 ASM[144]来完成人脸对齐这一操作。ASM 是一种基于点分布模型的算法。在点分布模型中，具有相似形状的对象，如眼睛、嘴巴、鼻子等，可以由一系列的关键特征点表示。本实验每张人脸图像共设定 28 个需要对齐的精确点，如图 6-9 所示。

图 6-8　人脸检测结果样本示例

图 6-9　人脸特征点检测示例

（3）特征提取及识别

基于卷积神经网络在多个计算机视觉任务中的卓越表现,我们使用卷积神经网络对人脸亲属关系进行识别。其中,卷积层包含 12 个 5×5 滤波器,池化层选择最大池化,内核为 2×2,步长为 2。这种类型的网络结构为下采样,减少了神经网络中的参数数量,同时也将平移不变性引入到分类器中。得到的输出转换为一个向量,通过一个全连接层及 Sigmoid 非线性函数输出人脸亲属关系识别的结果。

6.3.4 实验结果分析

为了验证所设计算法的有效性,我们在 FFVW 数据集上进行了一系列实验。

众所周知,光照因素对人脸相关的应用会产生较大的影响,它直接影响着各个算法的性能。在昏暗光线下拍摄的照片与在普通光线下拍摄的照片相比,常常很难获得令人满意的效果。我们使用 CNN 的学习和训练方法对实验数据集进行了光照因素的测试,并对预测的准确性进行了评估。

图 6-10 展示了一组对比结果。带三角的曲线和带圆圈的曲线所代表方法的主要区别在于:带三角的曲线代表的算法对输入的图像进行了亮度标准化操作,而带圆圈的曲线代表的方法没有使用这一操作。可以看出,对输入图像进行亮度标准化操作后,可以在一定程度上提高识别精确度。

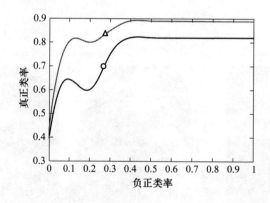

图 6-10 在 FFVW 数据集上对不同亮度的输入图像进行测试的 ROC 曲线

此外,我们还测试了人脸对齐操作对识别结果的影响。CNN 算法本身并不包含人脸对齐的过程,不能直接将其用于建立的 FFVW 数据集上。由于视频在录制过程中可能会发生抖动的情况,从相应视频中检测的人脸图像无法保证它们都具有相同的位置,在进行识别之前,需要先使用人脸对齐操作。

如果不使用人脸对齐操作会怎样呢?我们比较了有无人脸对齐的预测结果的准确性,结果发现,使用人脸对齐操作后可以将分类器的准确率从 83.06% 提高到 89.42%。

为了验证视频数据在人脸亲属关系识别中的效果,我们对本节设计的算法以及参考文献[26]中的算法进行了对比,结果如图 6-11 所示。

可以看到,与 SBM 和 ABM 等方法相比,基于 FFVW 视频数据的人脸亲属关系识别方法 VBR 的性能得到了提高,证明了视频数据在人脸亲属关系识别领域的有效性,同时也说明基于视频的人脸亲属关系识别问题具有很大的研究价值和应用价值。

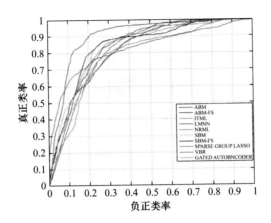

图 6-11　本书设计的算法与其他方法的对比,图中曲线从上至下依次为 VBR 、ABM-FS、

ABM、LMNN、ITML、SBM、GATED AUTOENCODER、SBM-FS、NRML、

SPARSE GROUP LASSO(横坐标 0.5 处)

6.3.5　结论

在本节的工作中,我们建立了一个基于视频的人脸亲属关系家庭数据集,每组数据包含一家三口(父亲、母亲、孩子)的视频,能够提供更多的训练数据,便于学习性能更好的分类器。此外,我们还验证了应用卷积神经网络和改进人脸对齐方法的有效性。

小　　结

本章介绍了基于视频数据的人脸亲属关系识别,主要包括对几种不同亲属关系识别方法进行对比和总结,对建立的人脸亲属关系视频数据集进行介绍。接着,将性能较好的几种度量学习方法和卷积神经网络方法用在了基于成对视频数据的人脸亲属关系识别,以及基于三元组视频数据的人脸亲属关系识别研究中,实验结果证明了我们建立的数据集的有效性,同时也验证了现有的基于度量学习和卷积神经网络的视频人脸亲属关系识别方法的有效性。评估成果可以为进行这一研究方向的研究人员提供一些启示和参考。

第7章
人脸亲属关系识别系统及应用

7.1 概　　述

机器人技术的快速发展为人脸亲属关系识别技术提供了一个很好的应用平台。一切图像识别技术想要服务于社会都需要一个合适的载体。在被广泛使用的人脸识别技术中，载体通常是我们所熟悉的手机、门禁等。对于人脸亲属关系识别，这些载体并不合适，因为我们想使用这种技术去解决社会问题而非为个人生活提供便利。

随着科学技术的不断发展，服务机器人的应用已经越来越广泛，现在大商场里基本上随处可见服务机器人，相信以后服务机器人的普及度会更高。所以说服务机器人是一个非常适合人脸亲属关系识别系统的载体。通常来说，大部分服务机器人都配备了较强的机器视觉系统，具有拍照或是人脸识别功能，这也为人脸亲属关系识别系统的落地提供了坚实的基础。

目前市面上机器人的种类繁多，这里我们选取几个功能与我们所研究的课题较为贴合地进行介绍。

Misty Ⅱ 机器人，由 MistyRobotics 公司开发生产的智能机器人，拥有完善的视觉模块，其视觉模块的核心是深度学习处理器，Misty Ⅱ 能够执行各种机器学习任务，可塑性非常高。目前 Misty Ⅱ 机器人在面向大众售卖，对于研究者来说它是一个很好的实验平台。

ATRIS 机器人，由优必选公司开发生产的智能机器人，旨在满足产业园区、居民社区等地巡检需求的智能巡检机器人,核心功能包括主动人脸识别,在应用领域和技术上都满足人脸亲属关系识别的需求。ATRIS 机器人已在 2018 年的安博会上亮相,同时已经在深圳市公安局投入应用。

小度机器人,由百度公司开发生产的智能机器人,具有信息、服务、情感三大功能定位,善于与人进行信息交互,同样拥有完善的图像识别功能。小度机器人曾经参加过非常多的综艺节目以及与机器人相关的国际会议,曾在 2016 年被投入肯德基作为点餐机器人。

在这些硬件的基础上,我们可以设计一款适用于服务机器人的人脸亲属关系识别系统,以解决上文提到的社会问题。

本章旨在将前文所提出的算法与实际应用相结合,设计一款面向用户交互的人脸亲属关系识别系统。该系统只需要摄像头进行硬件支持即可运转,可以通过读取摄像头实时数据或本地存储数据作为输入,输出为两个输入数据之间的亲属关系识别结果。

考虑到在实际应用中,不同的应用场合存在角度、光照等多种影响因素,我们为系统设置了本地化更新功能,系统将定期根据亲属识别历史数据进行网络更新,以适应当前环境。

7.2 人脸亲属关系识别系统的功能

我们使用 PyQt5 来设计制作可视化界面。PyQt5 是基于 Digia 公司强大的图形程式框架 Qt5 的 Python 接口,由一组 Python 模块构成。PyQt5 本身拥有超过 620 个类和 6 000 个函数及方法,可以在多个平台上运行,如 Unix、Windows、Mac OS 等。

我们设计这款界面的目的是将亲属关系识别的过程对用户实现可视化。用户可以通过与界面之间的交互来选择输入数据,并看到这一组数据的验证结果。

设计的界面如图 7-1 所示。界面主要包含两部分:数据输入和结果展示。在界面后端,我们搭载了前文设计的人脸亲属关系识别方法,并根据实际应用情况进行了一些实践化改良。

图 7-1 亲属关系验证识别系统界面

7.2.1 测试样本输入

界面的上半部分主要用于实现样本输入功能。用户可以选择 3 种不同的数据输入模式：图片、视频和摄像头。选择输入模式后，单击"输入"按钮，可以选择相应的数据，被选定用于输入和识别的数据会在展示框体中显示出来。3 种输入模式详情如下。

（1）图片输入模式

在图片输入模式下，用户可以从本地存储文件夹中选择图片类型的数据进行输入，输入的图片会显示在展示框体中。"家长"与"孩子"框体全部输入数据后，单击"验证"按钮即可开始亲属关系验证。

（2）视频输入模式

在视频输入模式下，用户可以从本地存储文件夹中选择视频类型的数据进行输入，输入的视频会在展示框体中自动播放。系统会自动对视频数据进行逐秒切割，并暂时进行存储，直到用户选择下一组数据。"家长"与"孩子"框体全部数据输入后，单击"验证"按钮即可开始亲属关系验证。

（3）摄像头输入模式

在摄像头输入模式下，用户可以打开摄像头实时拍摄作为输入，摄像头数据会直接显示在框体中。系统对摄像头的录像长度进行了限制，固定录制 5 s 的视频，与视频数据一样逐秒切割后进行暂时存储，直到用户选择下一组数据。"家长"与"孩子"框体全部输入数据后,单击"验证"按钮即可开始亲属关系验证。

7.2.2 亲属关系识别

系统后台搭载了人脸亲属关系识别算法对输入的图像或视频进行验证。

由于无法判断输入数据的具体亲属关系,即二者属于 FD(父女)、FS(父子)、MD(母女)、MS(母子)中的哪一种,我们分别预训练适配 4 种亲属关系的 4 个网络,将输入数据分别送入这 4 个网络中,将得到的结果结合起来进行分析。

首先通过 KinFaceW-II 数据集预训练了亲属关系识别方法。在图片输入模式下,直接将输入数据送入网络即可得到验证结果。而在视频和摄像头输入模式下,需要多进行一步操作,将视频数据处理为图像数据后再送入亲属关系验证网络进行验证。视频数据的特殊性需要思考如何在转换为图片的同时尽可能保留一定的视频独有的时间性特征。为此,我们在后台设计了两种视频数据的处理方式[145]。

（1）逐帧特征取平均

在这种方法下,首先将视频数据以 1 s 为间隔提取几张互相独立的单帧图片,然后将这些图片分别输入亲属关系验证网络,并在特征层拼接后取平均,来得到最终的验证结果。这种方法适用于时长较短的视频数据,信息利用率较高。缺点是对视频整体质量要求较高,如果视频中存在一些效果非常差的"坏帧",在平均算法下将会影响最终的验证结果。方法结构如图 7-2 所示。

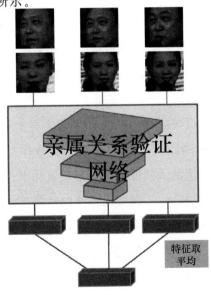

图 7-2 逐帧特征取平均方法示意图

（2）关键帧采样

取平均的方式会受到低质量样本的影响。而且，在视频较长的情况下，每秒提取一张图片并在特征层取平均的计算量会非常巨大。考虑到这些情况，设计一种基于强化学习的关键帧采样方法，可以解决上述存在的缺点。

关键帧采样方法应用深度强化学习进行视频亲属关系验证的采样，所设计网络主要包括两个部分：亲属关系识别网络和关键帧采样网络。亲属关系识别网络用于验证输入视频对的亲属关系，关键帧采样网络用于从大量的视频帧中提取包含判别信息的关键帧。

我们需要提前对关键帧采样网络进行训练。采样网络根据当前状态值得到动作值，然后环境中预训练好的亲属关系识别网络根据动作值得到奖励值以及下一个状态值。为了得到每次采样的评分，需要将筛选到的数据输入亲属关系识别网络，将这个网络的验证结果作为评分标准。

关键帧采样网络需要用一个数据集来进行提前训练，实验所用的数据集为亲属关系视频数据集 KFVW。该数据集中的数据主要来自网络视频及电视节目，其建立目的为便于对基于视频的人脸亲属关系进行验证研究。与静态图像相比，视频可以提供更多信息描述人脸，可以较为轻松地根据不同的人脸姿态、表情从不同光照条件和复杂背景中捕捉目标人脸。KFVW 数据集共收集了 418 对亲属视频，每个视频包含 100～500 帧，这些帧的姿态、光照、背景、遮挡、表情、妆容、年龄等变化很大。一个视频帧的平均大小约为 900×500 像素。KFVW 数据集中包含 4 种亲属关系类型：父子（FS）、父女（FD）、母子（MS）、母女（MD），分别有 107、101、100、110 对亲属视频。

关键帧采样网络用于从亲属关系视频数据中挑选关键帧。由于视频拍摄状况各不相同，不同的帧之间往往存在着较大的差异，如对象缺失、人脸区域局部遮挡、非正面人脸等。

图 7-3 展示了 KFVW 数据集的部分样本示例，每个样本示例都是分别从两个亲属关系视频中截取出的帧。每一行列出了优秀样本和低质量样本的对比情况。从图中可以看出，存在遮挡或面部角度过大的人脸图像属于低质量样本。如果仅仅采取简单的随机选取往往无法获得令人满意的样本，一些效果不佳的示例可能会影响网络性能。为了解决这个问题，本章设计一个关键帧采样网络，对每个亲属关系视频的关键帧进行挑选。

关键帧采样网络采取了基于深度强化学习的结构。每一次筛选，分别从父母和孩子的视频中挑选出 3 帧。为了评估关键帧的质量，需要提前训练一个亲属关系识别网络，通过它的验证结果来判定关键帧的评分。设评分函数为 $S1(x)$，目的是令整个筛选过程

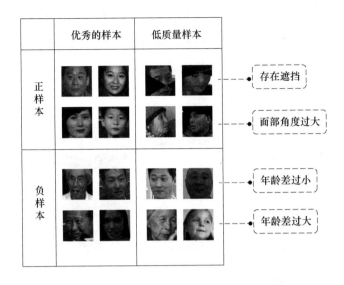

图 7-3　KFVW 数据集中的一些样本示例

获得较高的总分。在实验中,令 $S1(x)=\lambda$,其中 λ 是关键帧图像输入亲属关系识别网络后得到的损失函数的值。

得到评分函数后,采用一个深度强化网络来学习采样策略,训练流程如图 7-4 所示。关键帧采样网络通过输入的状态值得到下一次的动作值。状态值为当前动作挑选的关键帧的图像数据,动作值为下一个关键帧的编号。使用结构相同但参数不同的两个网络来学习当前状态值和将来状态值,并使用获得的两个 Q 值来计算损失函数。

图 7-5 展示了采样网络的学习过程。左侧的网络为行为网络,右侧的网络为目标网

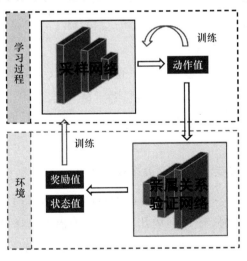

图 7-4　采样网络的训练流程

络。这两个网络结构相同，并以一定的频率共享参数。两个网络通过得到的 Q 值加上环境反馈的奖励值可以计算得到损失函数的值，并反馈给行为网络。在这样的学习过程经过 100 次后，行为网络向目标网络共享参数值。

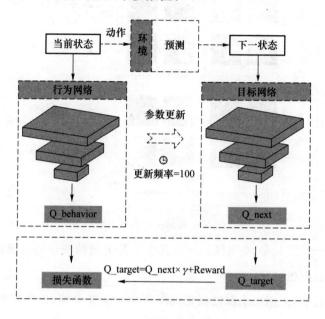

图 7-5　采样网络的学习过程

网络中的 Q 值更新如下：

$$Q(s, \alpha) \leftarrow Q(s, \alpha) + \alpha[r + \gamma \max \alpha' Q(s', \alpha')] \tag{7-1}$$

其中：α 表示学习率，r 表示环境反馈激励，也就是评分函数 S1(x)；γ 是递减的奖励参数，实验中将其设置为 0.9；$Q(s, \alpha)$ 是当前状态的 Q 值，$Q(s', \alpha')$ 是下一个状态的 Q 值。

算法中使用的损失函数如下：

$$\text{Target } Q = r + \gamma \max \alpha' Q (s', \alpha'; \theta) \tag{7-2}$$

$$L(\theta) = E\left[(\text{Target } Q - Q(s, \alpha, \theta))^2\right] \tag{7-3}$$

其中，θ 表示网络参数为均方误差损失。通过筛选，可以获得尽可能有利于深度网络梯度下降的数据。

在实验设置上，关键帧采样网络采取了深度强化学习的结构，网络部分包含 3 个卷积层，学习率设置为 0.000 1，优化器选择 Adam，同样每次向网络中输入批量大小为 32 的数据。在选择采样动作时，有 90％的几率从网络输出中选择最佳项，10％的几率选择随机项。网络的向后递减系数 γ 为 0.9。目标网络和行为网络之间的参数更新频率为 100，即每进行 100 次训练行为更新一次网络参数。为了获得较好的实验效果，完整的训练过程将遍历数据集 200 次。

为了验证关键帧采样方法的有效性,我们也进行了一些对比实验。由于目前在 KFVW 数据集上进行的工作并不多,所以本节主要与提出这一数据集的参考文献[31]进行对比,采取 EER 与 AUC 值作为评估标准。对比文献分别提取了 LBP 特征和 HOG 特征,其中 LBP 特征取得了更好的效果,作为本书的实验比对。

表 7-1 列出了关键帧采样方法与几种常用人脸亲属关系识别方法的对比结果。在关键帧采样方法中,KVN 表示只使用亲属关系识别网络的验证结果,Final 表示系统后台加入关键帧采样网络,即选择搭载的方法中近似度较高的强化学习采样方法与关键帧采样网络结合,在 KFVW 数据集上进行实验所得到的最终结果。可以看出,本节提出的方法在任一亲属关系下的验证结果均优于以上所有方法。对比 KVN 与 Final 的实验结果可以看出,采样网络的加入实质性地提高了网络整体性能。

表 7-1　与其他方法 EER 与 AUC 值的对比　　　　　　　　　　　（％）

方法	测量	FD	FS	MD	MS	均值
欧氏方法	EER	43.8	48,1	43.5	44.1	44.9
	AUC	60.5	56.0	57.8	58.9	58.3
ITML	EER	42.9	44.3	40.5	**42.7**	42.6
	AUC	59.1	56.8	61.5	**63.1**	60.1
SILD	EER	42.9	**42.9**	43.0	44.1	43.2
	AUC	62.6	**60.7**	58.5	59.0	60.2
KISSME	EER	40.0	44.8	43.5	42.7	42.8
	AUC	63.7	60.1	57.1	58.6	59.9
CSML	EER	**38.6**	47.1	**38.5**	43.2	**41.9**
	AUC	**66.2**	57.1	**64.4**	59.6	**61.8**
KVN	EER	37.1	35.9	35.0	36.8	36.2
	AUC	66.7	69.1	70.7	66.8	68.3
Final	EER	**37.0**	**34.9**	**33.2**	**36.1**	**35.3**
	AUC	**66.9**	**71.3**	**72.1**	**67.3**	**69.4**

在实际应用中,我们会对视频数据长度进行判断,设定一个长度阈值 L(默认为 10)。当视频数据时长大于阈值 L 时,系统将使用关键帧采样网络来选取关键帧进行亲属关系验证。当视频数据时长小于阈值 L 时,系统将使用逐帧特征取平均方法进行亲属关系验证。

7.2.3 相似性指标查看

界面的下半侧展示了本次亲属关系验证的结果。为了让用户得到更全面的分析,我们不仅显示验证结果,还将一些相关指标作为辅助信息展出。系统验证结果展示如图7-6所示。

图 7-6 系统验证结果展示

显示的相关性指标包括:亲属关系识别结果、亲属相似性百分比、亲属关系类型猜测和相似性柱状图。

(1)亲属关系识别结果

将输入的样本对分别送入适配4种亲属关系的预训练网络中,将结果里最高的一项作为最终的验证结果。

(2)亲属相似性百分比

网络输出的结果为0~1的数值,将这个数值百分比化即可以得到相似性百分比。数值越接近1代表二者具有亲属关系的概率越大。

(3)亲属关系类型猜测

在4种亲属关系验证结果中,数值最高的一项即为预测的亲属关系类型。

(4)相似性柱状图

将4种亲属关系的亲属相似性百分比制成柱状图,代表本次验证的相似性趋势。单击界面右侧的柱状图条形按钮将弹出柱状图窗口,如图 7-7 所示。

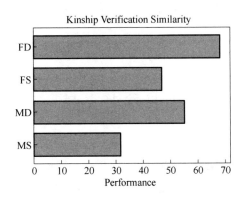

图 7-7　相似性柱状图弹窗展示

7.2.4　实时系统优化

在实际应用中,所设计系统往往要面临不同的应用场合。对于服务机器人来说,它们可能出现在医疗机构、商场、学校等。每个不同的应用场合,摄像头接触到的光照、角度、目标人群都有所不同,同一套验证策略很难在所有地方都取得令人满意的成果。为了在一定程度上减轻这些干扰因素的影响,我们设计了一种系统优化技术,定期对网络进行本地化更新,以契合应用场景。

具体来说,每一次亲属验证,我们都会将本次输入的数据录入一个本地化数据集,并将用户对本次验证结果的反馈作为该数据的标签。我们设置一个更新频率,比如 100,当数据集中存储的样本对达到这个数量后,对当前的模型进行更新。本次更新结束后将清空本地化数据集,重新开始录入。

这是一个对网络模型进行优化的系统,除适应性优点外,也有可能遭到低质量、错误样本的干扰,反而降低网络性能。所以这种本地化更新是一个可选的功能,用户可以在后台选择开启或者关闭。

小　　结

本章我们展示了设计的人脸亲属关系识别系统界面,拥有多种类型数据的输入功能,并且可以展示输入的数据。系统界面的一侧展示了本次亲属关系识别的一系列性能指标,方便用户详细了解验证情况。为了适应视频数据的特殊情况,我们还设计了一种基于强化学习的关键帧采样方法,提高视频数据的采样质量。实时系统优化功能减弱了环境因素对系统的干扰,提高了系统的鲁棒性。

本书参考文献

[1] TURK M, PENTLAND A. Eigenfaces for recognition [J]. Journal of Cognitive Neuroscience, 1991, 3(1):71-86.

[2] YAN H, LU J. Facial kinship verification-A machine learning approach[M]. Singapore: Springer, 2017.

[3] FANG R, TANG K D, SNAVELY N, et al. Towards computational models of kinship verification [C]//Proceedings of the IEEE International Conference on Image Processing. 2010:1577-1580.

[4] ZHOU X, HU J, LU J, et al. Kinship verification from facial images under uncontrolled conditions[C]//Proceedings of ACM Multimedia. 2011:953-956.

[5] XIA S, SHAO M, LUO J, et al. Understanding kin relationships in a photo[J]. IEEE Transactions on Multimedia, 2012, 14(4):1046-1056.

[6] SOMANATH G, KAMBHAMETTU C. Can faces verify blood-relations? [C]// Proceedings of the IEEE International Conference on Biometrics: Theory Applications and Systems. 2012:105-112.

[7] FANG R, GALLAGHER A C, Chen T, et al. Kinship classification by modeling facial feature heredity[C]//Proceedings of the IEEE International Conference on Image Processing. 2013:2983-2987.

[8] LU J, ZHOU X, TAN Y-P, et al. Neighborhood repulsed metric learning for kinship verification[J]. IEEE Transactions on Pattern Analysis and Machine Intelligence, 2014, 36(2):331-345.

[9] KinFaceW. (2021-01-22). [2021-11-14]. http://www.kinfacew.com/index.html.

[10] GUO Y, DIBEKLIOGLU H, VAN D M L. Graph-Based Kinship Recognition[C]// Proceedings of the IEEE International Conference on Pattern Recognition. 2014: 4287-4292.

[11] AHONEN T, HADID A, PIETIKAINEN M. Face description with local binary patterns: Application to face recognition[J]. IEEE Transactions on Pattern Analysis and Machine Intelligence, 2006, 28(12): 2037-2041.

[12] SHAN D, WARD R K. Improved face representation by nonuniform multilevel selection of Gabor convolution features[J]. IEEE Transactions on Systems, Man, and Cybernetics. Part B, 2009, 39(6): 1408-1419.

[13] ZHOU X, LU J, HU J, et al. Gabor-based gradient orientation pyramid for kinship verification under uncontrolled environments[C]//Proceedings of the ACM Multimedia. 2012:725-728.

[14] DENG W, HU J, GUO J. Extended SRC: Undersampled face recognition via intraclass variant dictionary[J]. IEEE Transactions on Pattern Analysis and Machine Intelligence, 2012, 34(9): 1864-1870.

[15] KOHLI N, SINGH R, VATSA M. Self-similarity representation of weber faces for kinship classification[C]//Proceedings of the IEEE International Conference on Biometrics: Theory, Applications, and Systems. 2012: 245-250.

[16] DIBEKLIOGLU H, SALAH A A, GEVERS T. Like father, like son: Facial expression dynamics for kinship verification[C]//Proceedings of the IEEE International Conference on Computer Vision. 2013:1497-1504.

[17] GUO G, WANG X. Kinship measurement on salient facial features[J]. IEEE Transactions on Instrumentation and Measurement, 2012, 61(8): 2322-2325.

[18] YAN H, LU J, ZHOU X. Prototype-based discriminative feature learning for kinship verification[J]. IEEE Transactions on Cybernetics, 2015, 45(11): 2535-2545.

[19] Computational Models of Kinship Verification. [2021-11-14]. http://chenlab. ece. cornell. edu/projects/KinshipVerification/.

[20] XIA S, SHAO M, FU Y. Kinship verification through transfer learning[C]// Proceedings of the International Joint Conferences on Artificial Intelligence. 2011:2539-2544.

[21] UB KinFace Database. (2011-07-31). [2021-11-14]. http://www1. ece. neu. edu/~yunfu/research/Kinface/Kinface. htm.

[22] XIA S, SHAO M, LUO J, et al. Understanding Kin Relationships in a Photo

[J]. IEEE Transactions on Multimedia, 2012, 14(4):1046-1056.

[23] SHAO M, XIA S, FU Y. Genealogical face recognition based on UB KinFace Database[C]//Proceedings of the IEEE CVPR Workshop on Biometrics. 2011.

[24] Kinship Classification by Modeling Facial Feature Heredity. [2021-11-14]. http://chenlab. ece. cornell. edu/projects/KinshipClassification/index. html.

[25] GUO Q, MA B, Lan T. Ensemble learning based on convolutional kernel networks features for kinship verification[C]//Proceedings of the IEEE International Conference on Multimedia and Expo. 2018:1-6.

[26] QIN X, TAN X, CHEN S. Tri-subject kinship verification: understanding the core of a family[J]. IEEE Transactions on Multimedia, 2015, 17 (10): 1855-1867.

[27] ROBINSON J P, SHAO M, WU Y, et al. Visual kinship recognition of families in the wild[J]. IEEE Transactions on pattern analysis and machine intelligence, 2018:2624-2637.

[28] Families In the Wild: A Kinship Recognition Benchmark. (2020-07-29). [2021-11-14]. https://web. northeastern. edu/smilelab/fiw/index. html.

[29] ROBINSON J P, SHAO M, WU Y, et al. Families in the Wild (FIW): Large-scale kinship image database and benchmarks[C]//Proceedings of the ACM on Multimedia Conference, 2016.

[30] SUN Y, LI J, WEI Y, et al. Video-based Parent-Child Relationship Prediction [J]. IEEE Visual Communications and Image Processing, 2018.

[31] YANH, HU J. Video-based kinship verification using distance metric learning [J]. Pattern Recognition, 2018, 75:15-24.

[32] 周志华. 机器学习[M].北京:清华大学出版社,2016.

[33] NELLO CRISTIANINI,JOHN SHAWE-TAYLOR. 支持向量机导论[M]. 李国正,等译. 北京:电子工业出版社,2004.

[34] VIEIRA T F, BOTTINO A, LAURENTINI A, et al. Detecting siblings in image pairs[J]. The Visual Computer, 2014, 30(12):1333-1345.

[35] BENGIO Y, COURVILLE A, VINCENT P. Representation learning: A review and new perspectives[J]. IEEE Transactions on Pattern Analysis and Machine Intelligence, 2013, 35(8): 1798-1828.

[36] RIFAI S, VINCENT P, MULLER X, et al. Contractive auto-encoders: Explicit invariance during feature extraction[C]//Proceedings of the International Conference on Machine Learning. 2011:833-840.

[37] HINTON G E,OSINDERO S, TEH Y-W. A fast learning algorithm for deep belief nets[J]. Neural Computation, 2006, 18(7): 1527-1554.

[38] LE Q V, ZOU W Y, YEUNG S Y, et al. Learning hierarchical invariant spatio-temporal features for action recognition with independent subspace analysis[C]//Proceedings of the IEEE Conference on Computer Vision and Pattern Recognition. 2011:3361-3368.

[39] KRIZHEVSKY A, SUTSKEVER I, HINTON G. ImageNet classification with deep convolutional neural networks[C]//Proceedings of the Advances in Neural Information Processing Systems. 2012:1106-1114.

[40] JI S, XU W, YANG M, et al. 3D convolutional neural networks for human action recognition[J]. IEEE Transactions on Pattern Analysis and Machine Intelligence, 2013, 35(1): 221-231.

[41] HUANG G B, LEE H, LEARNED-MILLER E. Learning hierarchical representations for face verification with convolutional deep belief networks[C]//Proceedings of the IEEE Conference on Computer Vision and Pattern Recognition. 2012:2518-2525.

[42] WANG N, YEUNG D-Y. Learning a deep compact image representation for visual tracking [C]//Proceedings of the Advances in Neural Information Processing Systems. 2013:809-817.

[43] AHONEN T, HADID A, PIETIKAINEN M. Face description with local binary patterns: Application to face recognition[J]. IEEE Transactions on Pattern Analysis and Machine Intelligence, 2006, 28(12): 2037-2041.

[44] LIU C, WECHSLER H. Gabor feature based classification using the enhanced Fisher linear discriminant model for face recognition[J]. IEEE Transactions on Image Processing, 2002, 11(4): 467-476.

[45] HUANG G B, RAMESH M, BERG T, et al. Labeled faces in the wild: A database for studying face recognition in unconstrained environments. University of Massachusetts. Technical report. 2007: 07-49.

[46] KAN M, XU D, SHAN S, et al. Learning prototype hyperplanes for face verification

in the wild[J]. IEEE Transactions on Image Processing，2013，22(8):3310-3316.

[47] EFRON B，HASTIE T，JOHNSTON I，et al. Least angle regression[J]. The Annals of Statistics，2004，32(2):407-499.

[48] BEVERIDGE J R，SHE K，DRAPER B，et al. Parametric and nonparametric methods for the statistical evaluation of human ID algorithms[C]//Proceedings of the International Workshop on Empirical Evaluation and Computer Vision System. 2001:35-542.

[49] DUAN Y，LU J，FENG J，et al. Context-aware local binary feature learning for face recognition[J]. IEEE Transactions on Pattern Analysis and Machine Intelligence，2018，40(5):1139-1153 .

[50] LU J，LIONG V E，ZHOU J. Simultaneous local binary feature learning and encoding for homogeneous and heterogeneous face recognition[J]. IEEE Transactions on Pattern Analysis and Machine Intelligence，2018，40(8):1979- 1993.

[51] BALNTAS V，TANG L，MIKOLAJCZYK K. Binary online learned descriptors [J]. IEEE Transactions on Pattern Analysis and Machine Intelligence，2018，40 (3): 555-567.

[52] DUAN Y，LU J，FENG J，et al. Learning rotation-invariant local binary descriptor [J]. IEEE Transactions on Image Processing，2017，26(8):3636-3651.

[53] YAN H. Learning discriminative compact binary face descriptor for kinship verification [J]. Pattern Recognition Letters，2019，117:146-152.

[54] NGUYEN H V，BAI L. Cosine similarity metric learning for face verification [C]//Proceedings of the Asian Conference on Computer Vision. 2011:709-720.

[55] XING E，NG A，JORDAN M，et al. Distance metric learning with application to clustering with side-information[C]//Proceedings of the Advances in Neural Information Processing Systems. 2003.

[56] GUILLAUMIN M，VERBEEK J，SCHMID C. Is that you? Metric learning approaches for face identification[C]//Proceedings of the IEEE International Conference on Computer Vision. 2009:498-505.

[57] KOSTINGER M，HIRZER M，WOHLHART P，et al. Large scale metric learning from equivalence constraints[C]//Proceedings of the IEEE Conference on Computer Vision and Pattern Recognition. 2012:2288-2295.

[58] LU J, WANGG, MOULIN P. Human identity and gender recognition from gait sequences with arbitrary walking directions [J]. IEEE Transactions on Information Forensics and Security, 2014, 9(1): 51-61.

[59] TRAN D, SOROKIN A. Human activity recognition with metric learning[C]// Proceedings of the European Conference on Computer Vision. 2008:548-561.

[60] XIAO B, YANG X, XU Y, et al. Learning distance metric for regression by semidefinite programming with application to human age estimation [C]// Proceedings of the ACM Multimedia. 2009:451-460.

[61] ZHENG W, GONG S, XIANG T. Person re-identification by probabilistic relative distance comparison[C]//Proceedings of the IEEE Conference on Computer Vision and Pattern Recognition. 2011:649-656.

[62] HUANG Q, JIANG S, WANG S, et al. Multi-feature metric learning with knowledge transfer among semantics and social tagging[C]//Proceedings of the IEEE Conference on Computer Vision and Pattern Recognition. 2012: 2240-2247.

[63] PARAMESWARAN S, WEINBERGER K. Large margin multi-task metric learning[C]//Proceedings of the Advances in Neural Information Processing Systems. 2010:1867-1875.

[64] MU Y, DING W, TAO D. Local discriminative distance metrics ensemble learning[J]. Pattern Recognition, 2013, 46(8): 2337-2349.

[65] WEINBERGER K Q, SAUL L K. Distance metric learning for large margin nearest neighbor classification[J]. Journal of Machine Learning Research, 2009, 10: 207-244.

[66] YAN H, LU J, DENG W, et al. Discriminative multimetric learning for kinship verification[J]. IEEE Transactions on Information Forensics and Security, 2014, 9 (7): 1169-1178.

[67] LU J, TAN Y-P, WANG G. Discriminative multimanifold analysis for face recognition from a single training sample per person[J]. IEEE Transactions on Pattern Analysis and Machine Intelligence, 2013, 35(1): 39-51.

[68] WANG H, NIE F, HUANG H. Robust and discriminative distance for multi-instance learning[C]//Proceedings of the IEEE Conference on Computer Vision and Pattern

Recognition. 2012:2919-2924.

[69] SHARMA A, KUMAR A, DAUME H, et al. Generalized multiview analysis: A discriminative latent space[C]//Proceedings of the IEEE Conference on Computer Vision and Pattern Recognition. 2012:1867-1875.

[70] YAN H. Kinship verification using neighborhood repulsed correlation metric learning [J]. Image and Vision Computing, 2017, 60:91-97.

[71] LOWE D. Distinctive image features from scale-invariant keypoints[J]. International Journal of Computer Vision, 2004, 60 (2):91-110.

[72] WOLF L, HASSNER T, TAIGMAN Y. Effective unconstrained face recognition by combining multiple descriptors and learned background statistics [J]. IEEE Transactions on Pattern Analysis and Machine Intelligence, 2011, 33 (10):1978-1990.

[73] WEINBERGER K Q, BLITZER J, SAUL L K. Distance metric learning for large margin nearest neighbor classification[C]//Proceedings of the Advances in Neural Information Processing Systems. 2005:1473-1480.

[74] ZHANG K, HUANG Y, SONG C, et al. Kinship verification with deep convolutional neural networks[C]//Proceedings of the British Machine Vision Conference. 2015:1-12.

[75] GOODFELLOW I, BENGIO Y, COURVILLE A. Deep learning [M]. Cambriage:MIT Press. 2016.

[76] GU J, WANG Z, KUEN J, et al. Recent advances in convolutional neural networks[J]. Pattern Recognition, 2018, 77:354-377.

[77] SUN Y, WANG X, TANG X. Deep learning face representation from predicting 10,0 0 0 classes[C]//Proceedings of the IEEE Conference on Computer Vision and Pattern Recognition. 2014:1891-1898.

[78] GUO Y, ZHANG J, CAI J, et al. CNN-Based Real-Time Dense Face Reconstruction with Inverse-Rendered Photo-Realistic Face Images[J]. IEEE Transactions on Pattern Analysis and Machine Intelligence, 2019, 41(6): 1294- 1307.

[79] LI W, ZHANG Y, LV K, et al. Graph-based kinship reasoning network[C]// Proceedings of the IEEE International Conference on Multimedia and Expo. 2020: 1-6.

[80] QI Y, ZHANG S, JIANG F, et al. Siamese local and global networks for robust face

tracking[J]. IEEE Transactions on Image Processing，2020，29：9152-9164.

[81] NANDY A，MONDAL S S. Kinship verification using deep Siamese convolutional neural network[C]//Proceedings of the IEEE International Conference on Automatic Face & Gesture Recognition. 2019.

[82] YU J，LI M，HAO X，et al. Deep fusion Siamese network for automatic kinship verification[C]//Proceedings of the IEEE International Conference on Automatic Face & Gesture Recognition. 2020.

[83] CHEN C，GONG D，WANG H，et al. Learning spatial attention for face super-resolution[J]. IEEE Transactions on Image Processing，2020，30：1219-1231.

[84] WANG F，JIANG M，QIAN C，et al. Residual attention network for image classification[C]//Proceedings of the IEEE Conference on Computer Vision and Pattern Recognition. 2017：3156-3164 .

[85] NEWELL A，YANG K，DENG J. Stacked hourglass networks for human pose estimation[C]//Proceedings of the European Conference on Computer Vision. 2016：483-499.

[86] LONG J，SHELHAMER E，DARRELL T. Fully convolutional networks for semantic segmentation[C]//Proceedings of the IEEE Conference on Computer Vision and Pattern Recognition. 2015：3431-3440.

[87] NOH H，HONG S，HAN B. Learning deconvolution network for semantic segmentation [C]//Proceedings of the IEEE International Conference on Computer Vision. 2015：1520-1528.

[88] YAN H，WANG S. Learning part-aware attention networks for kinship verification [J]. Pattern Recognition Letters，2019，128：169-175.

[89] GUO Q，MA B，LAN T. Ensemble learning based on convolutional kernel networks features for kinship verification[C]//Proceedings of the IEEE International Conference on Multimedia and Expo. 2018：1-6.

[90] HU J，LU J，YUAN J，et al. Large margin multi-metric learning for face and kinship verification in the wild[C]//Proceedings of the Asian Conference on Computer Vision. 2014：252-267.

[91] HU H，GU J，ZHANG Z，et al. Relation networks for object detection[C]// Proceedings of the IEEE Conference on Computer Vision and Pattern

Recognition. 2018:3588-3597.

[92] SANTORO A, FAULKNER R, RAPOSO D, et al. Relational recurrent neural networks[C]//Proceedings of the Advances in Neural Information Processing Systems. 2018:7299-7310.

[93] DAI B, ZHANG Y, LIN D. Detecting visual relationships with deep relational networks[C]//Proceedings of the IEEE Conference on Computer Vision and Pattern Recognition. 2017:3076-3086.

[94] LI W, LI H, WU Q, et al. Headnet: an end-to-end adaptive relational network for head detection[J]. IEEE Transactions on Circuits and Systems for Video Technology, 2020, 30 (2):482-494 .

[95] IBRAHIM M S, MORI G. Hierarchical relational networks for group activity recognition and retrieval[C]//Proceedings of the European Conference on Computer Vision. 2018:721-736.

[96] SANTORO A, RAPOSO D, BARRETT D G, et al. A simple neural network module for relational reasoning[C]//Proceedings of the Advances in Neural Information Processing Systems. 2017: 967-4976.

[97] SUN C, SHRIVASTAVA A, VONDRICK C, et al. Actor-centric relation network [C]//Proceedings of the European Conference on Computer Vision. 2018:318-334.

[98] KULKARNI N, MISRA I, TULSIANI S, et al. 3D-relnet: joint object and relational network for 3d prediction[C]//Proceedings of the International Conference on Computer Vision. 2019 .

[99] SUNG F, YANG Y, ZHANG L, et al. Learning to compare: Relation network for few-shot learning[C]//Proceedings of the IEEE Conference on Computer Vision and Pattern Recognition. 2018:1199-1208 .

[100] ZHOU B, ANDONIAN A, OLIVA A, et al. Temporal relational reasoning in videos[C]//Proceedings of the European Conference on Computer Vision. 2018:803-818 .

[101] CHANG S, YANG J, PARK S, et al. Broadcasting convolutional network for visual relational reasoning[C]//Proceedings of the European Conference on Computer Vision. 2018:754-769.

[102] SINGH B. NAJIBI M, DAVIS L S. Sniper: Efficient multi-scale training[C]//

Proceedings of the Advances in Neural Information Processing Systems. 2018: 9310-9320.

[103] LIU W, ANGUELOV D, ERHAN D, et al. Single shot multiboxdetector[C]// Proceedings of the European conference on computer vision. 2016:21-37.

[104] ZHOU P, NI B, GENG C, et al. Scale-transferrable object detection[C]//Proceedings of the IEEE Conference on Computer Vision and Pattern Recognition. 2018:528-537.

[105] HE W, ZHANG X Y, YIN F, et al. Deep direct regression for multi-oriented scene text detection[C]//Proceedings of the IEEE International Conference on Computer Vision. 2017:745-753.

[106] HU P, RAMANAN D. Finding tiny faces[C]//Proceedings of the IEEE Conference on Computer Vision and Pattern Recognition. 2017:951-959.

[107] LI J, LIANG X, SHEN S, et al. Scale-aware fast r-cnn for pedestrian detection [J]. IEEE Transactions on Multimedia, 2017, 20 (4):985-996.

[108] LYU P, YAO C, WU W, et al. Multi-oriented scene text detection via corner localization and region segmentation[C]//Proceedings of the IEEE Conference on Computer Vision and Pattern Recognition. 2018:7553-7563.

[109] CHEN L C, COLLINS M, et al. Searching for efficient multi-scale architectures for dense image prediction[C]//Proceedings of the Advances in Neural Information Processing Systems. 2018:8699-8710.

[110] KE L, CHANG M-C, Qi H, et al. Multi-scale structure-aware network for human pose estimation[C]//Proceedings of the European Conference on Computer Vision. 2018:713-728.

[111] GUO S, HUANG W, ZHANG H, et al. Curriculumnet: Weakly supervised learning from large-scale web images [C]//Proceedings of the European Conference on Computer Vision. 2018:135-150.

[112] ZAGORUYKO S, KOMODAKIS N. Learning to compare image patches via convolu-tional neural networks[C]//Proceedings of the IEEE Conference on Computer Vision and Pattern Recognition. 2015:4353-4361.

[113] YAN H, SONG C. Multi-scale deep relational reasoning for facial kinship verification [J]. Pattern Recognition,110(2021),107541.

[114] IOFFE S, SZEGEDY C. Batch normalization: Accelerating deep network training by

reducing internal covariate shift[C]//Proceedings of the International Conference on Machine Learning, 2015 .

[115] KINGMA D, BA J. Adam: A Method for Stochastic Optimization[C]//Proceedings of the International Conference on Learning Representations. 2015.

[116] RICHARDS SUTTON, ANDREWG BARTO. 强化学习[M]. 2 版. 俞凯, 等译. 北京：电子工业出版社, 2019.

[117] LI H, XU H. Deep reinforcement learning for robust emotional classification in facial expression recognition[J]. Knowledge-Based Systems, 2020, 204.

[118] ZHANG L, SUN L, YU L, et. al. ARFace: Attention-aware and regularization for face recognition with reinforcement learning[J]. IEEE Transactions on Biometrics, Behavior, and Identity Science. 2021.

[119] CAI R, LI H, WANG S, et. al. DRL-FAS: A novel framework based on deep reinforcement learning for face anti-spoofing [J]. IEEE Transactions on Information Forensics and Security. 2020 (16): 937-951.

[120] FELZENSZWALB PF, GIRSHICK R B, MCALLESTER D, et al. Object detection with discriminatively trained part-based models[J]. IEEE Transactions on Pattern Analysis and Machine Intelligence, 2009, 32(9):1627-1645.

[121] ROWLEY H A, BALUJA S, KANADE T. Neural network-based face detection[J]. IEEE Transactions on Pattern Analysis and Machine Intelligence, 1998, 20 (1): 23-38.

[122] DOLLÁR P, TU Z, PERONA P, et al. Integral channel features[C]//Proceedings of the British Machine Vision Conference. 2009.

[123] SHRIVASTAVA A, GUPTA A, Girshick R. Training region-based object detectors with online hard example mining [C]//Proceedings of the IEEE Conference on Computer Vision and Pattern Recognition. 2016: 761-769.

[124] ZHOU J, YU P, TANG W, et al. Efficient online local metric adaptation via negative samples for person re-identification [C]//Proceedings of the IEEE International Conference on Computer Vision. 2017: 2420-2428.

[125] LIN X, DUAN Y, DONG Q, et al. Deep variational metric learning[C]// Proceedings of the European Conference on Computer Vision. 2018: 689-704.

[126] HARWOOD B, KUMAR B G V, CARNEIRO G, et al. Smart mining for deep

metric learning[C]//Proceedings of the IEEE International Conference on Computer Vision. 2017: 2821-2829.

[127] WU C Y, MANMATHA R, SMOLA A J, et al. Sampling matters in deep embedding learning[C]//Proceedings of the IEEE International Conference on Computer Vision. 2017: 2840-2848.

[128] YUAN Y, YANG K, ZHANG C. Hard-aware deeply cascaded embedding[C]// Proceedings of the IEEE International Conference on Computer Vision. 2017: 814-823.

[129] BERTSEKAS D. Distributed dynamic programming[J]. IEEE Transactions on Automatic Control, 1982, 27(3): 610-616.

[130] TSITSIKLIS J N. Asynchronous stochastic approximation and Q-learning[J]. Machine Learning, 1994, 16(3):185-202.

[131] WANG S, YAN H. Discriminative sampling via deep reinforcement learning for kinship verification[J]. Pattern Recognition Letters, 2020, 138:38-43.

[132] LEE K C, HO J, YANG M H, et al. Video-based face recognition using probabilistic appearance manifolds[C]//Proceedings of the IEEE Conference on Computer Vision and Pattern Recognition. 2003:313-320.

[133] HADID A, PIETIKAINEN M. From still image to video-based face recognition: an experimental analysis[C]//Proceedings of the IEEE International Conference and Workshops on Automatic Face and Gesture Recognition. 2004:813-818.

[134] WANG R, CHEN X. Manifold discriminant analysis[C]//Proceedings of the IEEE Conference on Computer Vision and Pattern Recognition. 2009:1-8.

[135] HU Y, MIAN A S, OWENS R. Face recognition using sparse approximated nearest points between image sets[J]. IEEE Transactions on Pattern Analysis and Machine Intelligence, 2012, 34 (10):1992-2004.

[136] LU J, WANG G, MOULIN P. Localized multifeature metric learning for image-set-based face recognition[J]. IEEE Transactions on Circuits and Systems for Video Technology, 2016, 26 (3):529-540.

[137] HU J, LU J, TAN Y P. Fine-grained face verification: dataset and baseline results [C]//Proceedings of the International Conference on Biometrics. 2015:79-84.

[138] DAVIS J V, KULIS B, JAIN P, et al. Information-theoretic metric learning

[C]//Proceedings of the International Conference on Machine Learning. 2007: 09-216.

[139] KAN M, SHAN S, XU D, et al. Side-information based linear discriminant analysis for face recognition[C]//Proceedings of the British Machine Vision Conference. 2011:1-12.

[140] KÖSTINGER M, HIRZER M, WOHLHART P, et al. Large scale metric learning from equivalence constraints[C]//Proceedings of the IEEE Conference on Computer Vision and Pattern Recognition. 2012:2288-2295.

[141] MATHIAS M, BENENSON R, PEDERSOLI M, et al. Face detection without bells and whistles[C]//Proceedings of the European Conference on Computer Vision. 2014:720-735.

[142] DALAL N, TRIGGS B. Histograms of oriented gradients for human detection [C]//Proceedings of the IEEE Conference on Computer Vision and Pattern Recognition. 2005:886-893.

[143] PETROVIC N, JOJIC N, HUANG T H. Hierarchical video clustering[C]// Proceedings of the IEEE Workshop on Multimedia Signal Processing. 2004: 423-426.

[144] MILBORROW S, NICOLLS F. Locating Facial Features with an Extended Active Shape Model [C]//Proceedings of the European Conference on Computer Vision. 2008.

[145] 王仕伟,闫海滨. 利用判别采样的视频人脸亲属关系验证[J]. 电子测量与仪器学报,2021, 35(8):12-19.